长距离输气管道腐蚀与防护

尹长华 郭 磊 王 超
吴明畅 王 琳 等编著

石油工业出版社

内容提要

本书对国内外长距离输气管道的现状进行了概述,针对长距离输气管道内腐蚀和外腐蚀的类型、原理和相应的控制技术进行了论述,重点阐述了长距离输气管道外腐蚀控制技术中的阴极保护技术、杂散电流干扰与治理,系统介绍了不同类型的腐蚀直接评估方法及腐蚀风险评价技术,并以西气东输管道为案例详细论述了其工程应用,以供读者深入理解。

本书可供从事石油管道领域管理及技术人员参考,也可作为高等院校相关专业师生参考用书。

图书在版编目(CIP)数据

长距离输气管道腐蚀与防护 / 尹长华等编著 . — 北京:石油工业出版社,2025.6. — ISBN 978-7-5183-7593-6

Ⅰ . TK973

中国国家版本馆 CIP 数据核字第 20259YU191 号

出版发行:石油工业出版社
（北京安定门外安华里 2 区 1 号楼　100011）
网　址:www.petropub.com
编辑部:（010）64523736　图书营销中心:（010）64523633
经　销:全国新华书店
印　刷:北京中石油彩色印刷有限责任公司

2025 年 6 月第 1 版　2025 年 6 月第 1 次印刷
787×1092 毫米　开本:1/16　印张:11.5
字数:160 千字

定价:60.00 元
（如出现印装质量问题,我社图书营销中心负责调换）
版权所有,翻印必究

《长距离输气管道腐蚀与防护》
编写组

主　　编：尹长华

副 主 编：郭　磊　王　超　吴明畅　王　琳

编写人员：何腾蛟　何国玺　郭方方　李政龙　徐彦磊
　　　　　周飞龙　王磊磊　覃　敏　李海坤　刘震军
　　　　　李正敏　姜新慧　廖建成　刘癸翔　孟繁妍
　　　　　范潮海　潘　婷　李紫轮

前 言

管道运输目前已成为除铁路、公路、航空、水运外的世界第五大运输方式，具有运输量大、密闭安全、高效环保等优点，正在迅速发展。2000年2月国务院第一次会议批准启动"西气东输"工程，这是仅次于长江三峡工程的又一重大投资项目，是拉开"西部大开发"序幕的标志性建设工程。国家石油天然气管网集团有限公司西气东输管道是中国距离最长、口径最大的输气管道，西起塔里木盆地的轮南，东至上海。全线采用自动化控制，供气范围覆盖中原、华东、长江三角洲地区。随着西气东输管道的运行，川气东送管道、中缅天然气管道、中俄东线天然气管道、中亚天然气管道等长距离输气管道陆续建成通气。

随着管道运输的迅猛发展，各类事故时有发生。大量管道事故表明，腐蚀破坏是引发管道恶性事故的主要原因。因此为保证长距离输气管道的安全运行，需要明确管道腐蚀类型与防腐措施，以确保西气东输管道完整、健康地运行。

本书较全面系统介绍了长距离输气的腐蚀基础理论，重点介绍了长距离输气管道的腐蚀控制技术中阴极保护技术、杂散电流治理，并介绍了腐蚀评价与风险评价。此外，每章的最后都结合详细案例进行工程应用。本书共五章内容，第一章介绍了国内外典型的长距离输气管道以及输气管道会产生的腐蚀类型与腐蚀控制措施，并以西气东输管道腐蚀进行举例说明；第二章阐述了阴极保护的原理、方法、有效性测试方法和测试点选择原则，着重论述了西气东输管道某段阴极保护有效性测试过程；第三章梳理了管道外部杂散电流干扰的来源、机理和治理案例；第四章论述了长距离输气管道内腐蚀直接评价方法、外腐蚀直接评价方法和应力腐蚀开裂直接评价方法，并以ZL管线为例进行详细说明；第五章讨论了长距离输气管道腐蚀评价概况、方法和案例。各章节内容逐步递进、环环相扣，相信会在长距离输气管道的实践中得到广泛的应用。

本书经历多次修改完善，主要编写的人员有吴明畅、郭磊、王超、王琳、何腾蛟、何国玺等，参与编写的人员有周飞龙、王磊磊、郭方方、覃敏、李政龙、姜新慧、廖建成、刘震军等。全书由尹长华和郭磊统一修改定稿。

本书在编写过程中引用了一些专家学者的研究成果和技术资料，在此表示衷心的感谢。由于笔者学识有限，时间仓促，本书编制内容的深度和广度可能还存在一些不足，敬请读者批评指正。

目 录

第一章　长距离输气管道及腐蚀概况 ····· 1
　　第一节　长距离输气管道 ····· 1
　　第二节　长距离输气管道腐蚀概述 ····· 10
　　参考文献 ····· 22

第二章　长距离输气管道阴极保护技术 ····· 25
　　第一节　阴极保护技术概述 ····· 25
　　第二节　管道阴极保护有效性测试 ····· 32
　　第三节　西气东输管道阴极保护有效性测试案例 ····· 45
　　参考文献 ····· 74

第三章　管道外部杂散电流干扰与治理 ····· 75
　　第一节　杂散电流干扰 ····· 75
　　第二节　杂散电流干扰机理 ····· 82
　　第三节　西气东输管线动态干扰测试与治理案例 ····· 99
　　参考文献 ····· 108

第四章　长距离输气管道腐蚀直接评价 ····· 111
　　第一节　长距离输气管道内腐蚀直接评价方法 ····· 112
　　第二节　长距离输气管道外腐蚀直接评价方法 ····· 123
　　第三节　长距离输气管道应力腐蚀开裂直接评价方法 ····· 131
　　第四节　ZL 管线内腐蚀直接评价案例分析 ····· 134
　　参考文献 ····· 146

第五章　长距离输气管道腐蚀风险评价技术 ····· 147
　　第一节　风险评价概述 ····· 147
　　第二节　风险评价方法 ····· 153
　　第三节　风险评价案例 ····· 164
　　参考文献 ····· 173

第一章　长距离输气管道及腐蚀概况

天然气是一种优质、高效的清洁能源，有助于减少温室气体排放和酸雨等环境问题。同时，天然气还是许多工业生产过程中的重要原料。管道运输是天然气最主要的运输方式，可以实现天然气的不间断输送，减少中间环节的损耗。长距离输气管道具有运输量大、连续性强的特点，目前国内外长距离输送管道技术也在不断完善。"西气东输"管道工程是我国距离最长、口径最大的输气管道，能够将西部地区丰富的天然气资源输送到东部经济发达地区，以满足工业和居民的用气需求。然而，在输气管道运行过程中，受到多方面因素的影响管道可能会产生内外腐蚀问题。本章对长距离输送管道常见的内腐蚀、外腐蚀的类型及形成机理进行了介绍，并对相应的腐蚀防控技术进行了介绍。

第一节　长距离输气管道

一、国内长距离输气管道

1. 中缅天然气管道工程

中缅天然气管道工程是一项连接中国和缅甸的重要能源合作项目，也是实施能源战略的重点项目。其天然气主要来自缅甸的沿海油气田，如阿拉卡纳盆地，通过管道输送到中国。管道干线起自缅甸西海岸皎漂，从云南省瑞丽市入境，经贵州省到达广西壮族自治区贵港市[1]。

中缅天然气管道工程于2006年达成合作共识，2009年中国石油天然气集团公司（CNPC）与缅甸石油和天然气公司（MOGE）正式签署协议，启动了中缅天然气管道工程。管道境外和境内段分别于2010年6月3日和9月10日正式开工建设，2013年正式竣工并开始运营。

中缅天然气管道全长3 353.4 km，其中缅甸境内段771 km，国内段2 582.4 km，包括1条干线和8条支线。其中，干线全长1 726.8 km，支线总长855.6 km，管道途经横断山脉、云贵高原、喀斯特等复杂地貌。管道管径1016 mm，设计压力10 MPa，全线采用X70/X80级钢管。干线设置工艺站场17座，阀室60座；8条支线共设置站场15座，阀室30座，输送天然气规模达到$120\times10^8 m^3/a$[2]。

管道途径地81%为山区，沿线地质环境复杂，滑坡、泥石流等地质灾害频发，地震活动频繁，矿区密布，具有"三高四活"（高地震烈度、高地应力、高地热，活跃的新构造运动、活跃的地热水环境、活跃的外动力地质条件、活跃的岸坡再造过程）的不良地质特点，建设难度巨大。为攻克施工难题，中国石油天然气集团公司采用绿色施工、抗震加固与检测等11项新技术进行施工，同时应用了海底管道三维技术、高地震烈度及断裂带管道设计等12项大口径长输管道施工高新技术。

中缅天然气管道是中缅两国政府之间的重要合作项目。该管道的成功建设，不仅实现了中缅两国共赢，加强了两国之间的能源合作和经济联系，同时也带动了缅甸的经济发展、增加了就业机会和能源收入，促进了基础设施建设，提升了缅甸的能源开发能力。

对中国而言，中缅管道增强了我国能源供应的稳定性和可靠性，缓解国内天然气的供需矛盾，打通了中国西南能源大动脉，缓解了马六甲海峡对中国能源战略的压力，解决了中国大西南地区近2亿人口的用气问题，促进了我国的经济发展和能源安全。

2. 中俄东线天然气管道

中俄东线管道项目是中国石油天然气集团公司与俄罗斯天然气工业股份公

司（Gazprom）的联合项目，包括俄罗斯境内的西伯利亚力量管道和中方境内的中俄东线天然气管道，是中国管道"走向世界"的又一张靓丽名片。

中俄东线天然气管道起自俄罗斯东西伯利亚，由布拉戈维申斯克进入中国黑龙江省黑河市[2]，经过黑龙江、吉林、内蒙古、辽宁、河北、天津、山东和江苏，最终到达上海，途径9个省市。其中，俄罗斯境内管道全长约3000 km，中国境内段新建管道3371 km，利用已建管道1740 km。天然气管道设计管径为1422 mm，采用X80高钢级，设计压力为12 MPa。

中俄东线天然气管道项目的建设经历了多个阶段。2014年5月，该项目签约，期限30年。在随后的几年里，进行了管道线路的规划、设计和建设工作。2019年12月2日17时，随着中俄两国元首下达的指令，中俄东线天然气管道正式投产通气，输送能力可达$380 \times 10^8 \text{ m}^3/\text{a}$。

中俄东线天然气管道国内段分为北段（黑河—长岭）、中段（长岭—永清）、南段（永清—上海），目前北端、中段已经顺利投产运行。中俄东线北段（黑河—长岭）全长1067 km，拥有1条干线和3条支线。该段冬季最低气温-40 ℃，夏季沼泽湿地密布，大型机械装备寸步难行，施工条件异常艰苦。为解决这一难题，建设公司创新实施IPMT+监理+E+P+C+运营单位（一体化项目管理团队+监理+设计+采购+施工+运营单位）的运作机制[3]，保障管道安全施工。

中俄东线天然气管道中段途经吉林、内蒙古、辽宁、河北、天津等5个省（直辖市、自治区）30个县（市、区），主要分为两段，沿线共设置9座工艺站场、48座阀室。其中，长岭分输站—沈阳联络压气站间管道外径1422 mm，设计压力10 MPa，管段里程345.6 km，设计输量$258 \times 10^8 \text{ m}^3/\text{a}$（该管段与中俄东线长岭—长春支线、长春—沈阳天然气管道组成的管网系统总输量为$362 \times 10^8 \text{ m}^3/\text{a}$）；沈阳联络压气站—永清联络压气站间管道外径1219 mm，设计压力10 MPa，管段里程764.4 km。中俄东线中段与中俄东线北段、哈沈线、大沈线、秦沈线、永唐秦管道、唐山LNG外输管道、陕京二线、陕京三线、陕京四线宝香西支线等多条管道联络形成复杂管网系统[4]。

中俄东线南段自北向南途经河北、山东、江苏、上海，目前已全部进入建设阶段，预计2025年建成投产。届时，俄罗斯天然气将直通长三角，实现"北气南下"，中俄东线是中国"北气南运"能源战略通道的重要组成部分，承担着"气化东北"的重要使命。投产后日输气量将超过$5000×10^4 m^3$，比现有输送能力提升近3倍[5]。这一项目将打破京津冀与长三角经济圈天然气输送能力瓶颈，进一步提高油气管网的应急保供能力[6]。

中俄东线天然气管道是中俄两国在能源领域的一项重要合作项目，促进了中俄之间的贸易和经济合作。俄罗斯是世界上最大的天然气生产国之一，而中国是全球最大的能源消费国之一。通过该管道，俄罗斯可以将丰富的天然气资源输送到中国市场，满足中国不断增长的能源需求，加强中俄能源合作，共同推动能源资源的优化配置和互利共赢。

中俄东线天然气管道的建设增加了中国的能源供应多样性，降低了对传统能源供应渠道的依赖程度。多元化的能源供应渠道可以提高能源安全性，减少供应中断的风险，并且有助于稳定中国的经济发展。中俄东线对保卫国家能源安全、优化能源结构、增强保供能力、打赢蓝天保卫战，具有重要意义[3,7]。

3. 川气东送天然气管道工程

川气东送天然气管道是我国重要的主干天然气管道，全长2308 km，管径1016 mm，设计压力10 MPa，设计输量$120×10^8 m^3/a$，采用X70级钢管。管道西起达州普光首站，东至上海末站，包括1条干线、4条支线和1条专线，途经四川、重庆、湖北、安徽、江苏、浙江、江西、上海8省（直辖市），覆盖53个县（市、区）。

川气东送天然气管道是继西气东输管道之后又一条贯穿我国东西部地区的管道大动脉。其中，普光—宜昌段有800 km位于山区，地形总体呈西高东低，地貌复杂多样，河流众多，且具有深度大、高差大，河谷多较狭窄，呈V形等特点，施工难度较大。

川气东送天然气管道沿线设置有35座输气站场，101座阀室。为进一步提升管道输气能力，工程分一期、二期实施增压改造。一期完成后，压气站数量达 6 座，输气规模达到 $132.3\times10^8\,\mathrm{m}^3/\mathrm{a}$；二期工程后，压气站数量达 8 座，输气规模达到 $150\times10^8\,\mathrm{m}^3/\mathrm{a}$。

2022 年 9 月 22 日，川气东送控制性工程威（远）江（津）线长江隧道工程在历经 307 天施工后顺利贯通。10 月，川气东送二线天然气管道工程川渝鄂段项目日前取得国家发改委（能源局）核准批复，标志着这一国家"十四五"规划的重大能源基础设施工程即将进入建设施工阶段。

2023 年 9 月 15 日，国家管网集团旗下川气东送二线天然气管道工程开建。川气东送二线川渝鄂段项目，全长 1576 km，设计年输气量达 $200\times10^8\,\mathrm{m}^3$，包括 1 条干线和 12 条支干线，干线起自威远/泸县首站，终至潜江压气站，长约 1145 km，12 条支线长约 431 km，预计 2024 年建成投产。

近年来，通过互联互通和增输改造工程，川气东送管道推动形成了由上游普光气田、涪陵页岩气、元坝气田等组成的多渠道供应格局，区域气源调配和川气外输能力持续提升。该工程在推动长江经济带产业结构调整和能源结构优化的同时，也保障了沿线居民生活和工业用气需求，并有效缓解管道沿线地区调峰压力[8]。此外，川气东送管道对长江流域和长三角地区的能源保障、经济发展和社会进步具有重要意义。

4. 西气东输管道工程

"西气东输"管道是我国距离最长、口径最大的输气管道。截至 2022 年底，由西气东输一线、二线、三线（西段、东段）组成的西气东输管道系统累计输气量超过 $8000\times10^8\,\mathrm{m}^3$，替代标煤 $10.7\times10^8\,\mathrm{t}$，减少二氧化碳排放 $11.7\times10^8\,\mathrm{t}$、粉尘 $5.8\times10^8\,\mathrm{t}$。

1）西气东输一线输气管道

西气东输一线是我国西部大开发的标志性工程，主供气源为塔里木气田。管道西起新疆轮南，途经新疆、甘肃、宁夏、陕西、山西、河南、安徽、江苏及浙江 10 个省份最终抵达上海白鹤镇，全长 4200 km。西气东输一线输气管道于 2002 年 7 月全线开工，2004 年 10 月全线建成投产。管道设计压力为 10 MPa，管径为 1016 mm，正常输量范围为（2800～4500）×$10^4 m^3/d$[9]。

2）西气东输二线输气管道

西气东输二线是我国首条引进境外天然气资源的战略性天然气输送通道，气源来自中亚进口天然气。管道西起新疆霍尔果斯，南至广州、香港，东达上海，途经新疆、甘肃、宁夏、陕西、河南、湖北、江西、湖南、广东、广西、浙江、上海、江苏、安徽等 14 个省（直辖市、自治区）。管道包括 1 条干线和 3 条支线，全长 9102 km，采用 X70/X80 钢管，设计压力 12 MPa，设计输量为 $300×10^8 m^3/a$，是目前世界上线路最长、供应覆盖面积最大、受益人口最多的一条天然气管道[10]。

西气东输二线管道以宁夏中卫为界，分为东、西两段。其中，西二线西段（霍尔果斯中卫段）干线，起自新疆维吾尔自治区境内的霍尔果斯首站，自西向东，经过博乐、昌吉、精河、乌苏、石河子等市到达中卫。该段线路总长 2434 km，共设有压气站 14 座，其中 5 座分输站，3 座联合站和 6 座分输压气站。管道管径为 1219 mm，壁厚 18.4 mm，全线采用 X80 高钢级。根据冻土深度和耕作深度要求，管线中心埋深一般为 1.7～2.0 m。

3）西气东输三线输气管道

西气东输三线工程全线包括 1 条干线和 8 条支线，西起新疆霍尔果斯口岸，东至福建省福州市，途径新疆、甘肃、宁夏、陕西、河南、湖北、湖南、江西、福建和广东共 10 个省（自治区），总长度为 7378 km。管道干线设计压力为 10～12 MPa，管道直径为 1016～1219 mm，设计输量为 $300×10^8 m^3/a$。西气东输三线上游与中国—中亚天然气管道 C 线连接，主供气源为新增进口中亚土库曼斯坦、乌兹别克斯坦、哈萨克斯坦三国天然气，补充气源为新疆煤制天然气。

4）西气东输四线输气管道

2022 年 9 月 28 日，国家"十四五"石油天然气发展规划重点项目——西气东输四线天然气管道工程正式开工（图1-1-1）。西气东输四线是继西气东输一线、二线、三线管道之后，连接中亚和中国的又一条能源战略大通道，是推动共建新时代绿色能源丝绸之路的重大举措，对于我国充分利用国际油气资源、实现开放条件下的能源安全，具有重大战略意义。

图1-1-1　西气东输四线输气管道

西气东输四线输气管道工程起自中吉边境新疆乌恰县伊尔克什坦，经轮南、吐鲁番至宁夏中卫，管道全长约3340 km，管径1219 mm，设计压力12 MPa，预计2024年将建成投产。该工程建成后，将与西气东输二线、三线联合运行，届时西气东输管道系统年输送能力可达千亿立方米，将有效增强管网系统供气的可靠性和灵活性，提高能源输送抗风险能力，进一步促进东西部地区能源结构优化，助力管道沿线的经济社会发展和绿色低碳转型。

西气东输管道系统总输送能力 $770×10^8$ m³/a，自建成以来，已累计输送天然气约 $7500×10^8$ m³，为优化我国能源消费结构、改善大气环境、推动相关产业发展和促进经济发展做出了突出贡献[11]。

西气东输西北段管线地形十分复杂，包含山脉、平原、沙漠等不同类型的地貌。地势变化显著，北部的海拔相对于南部比较高，中部地势较低，不同地区的土壤环境也存在较大差异。我国的西北地区温度差异大、地势复杂，且长期受到人类的活动，地震等自然灾害的影响，使西气东输管线沿线地区易受崩塌、洪水及泥石流的冲蚀等自然灾害的破坏。其中对西气东输管线有明显危害的主要有：洪水的冲蚀、地震、盐碱及其他土壤因素对管线的腐蚀。

由于管道内输送的物质是天然气，不可避免地存在二氧化碳、硫化物、水气等,这些杂质的长期作用会在管道内形成腐蚀性的液体。随着时间的增加,对管道内的腐蚀不断加强,在腐蚀比较严重的地方就会发生泄漏,管道也因此会遭到破坏。

对西二线霍尔果斯至精河站管段(总长 170.3 km,壁厚 18.4 mm)进行三维高清漏磁检测。检测结果显示,在霍尔果斯至精河站管道上共发现各类缺陷特征 677 个、金属损失 614 处、焊缝缺陷 41 处、凹陷 19 处、未知缺陷 3 处。由于焊缝缺陷和凹陷均发生在管道外壁,内部未知缺陷具有随机性,因此只考虑内壁上的金属损失,检测共发现内部金属损失 105 处。对精河压气站至乌苏压气站 175 km 管段进行三维高清漏磁检测,发现各类缺陷特征 2845 处。其中焊缝缺陷 23 处、凹陷 16 处、未知缺陷 2 处,共发现内部金属损失 639 处。由于西二线中的输送介质含有微量的 H_2S,且有积水存在,其内腐蚀发生点较多。

二、国外长距离输气管道

1. 北溪天然气管道项目(Nord Stream Pipeline)

北溪天然气管道由俄罗斯天然气工业股份公司负责建设和运营,分为北溪一号和北溪二号。两条管道平行铺设,均起自俄罗斯的维堡(Vyborg),终点位于德国的格雷夫斯瓦尔德(Greifswald)。北溪一号管道的长度约为 1224 km,北溪二号管道的长度约为 1230 km[12]。

北溪一号管道于 2011 年 11 月开始运营;北溪二号管道于 2018 年启动建设,并于 2019 年底完工。北溪管道的独特之处在于采用了一泵到底的高压输送方式,无须中途加压站,从而节省了大量建设和运行成本[13-15]。管道在俄罗斯进气口的压力为 22 MPa,在德国出气口的压力为 10.6 MPa。为了保证环缝焊接的质量以及便于清管器和内检测器通过,该管道全程采用内对齐方式,公称外径为 1219 mm(随壁厚变化),整条管线内径设计为 1153 mm。

北溪天然气管道项目的主要目的是将俄罗斯的天然气输送到欧洲(特别是

德国）。北溪管道输送天然气能力为每年 $1100\times10^8\,m^3$，其中一号管道和二号管道的设计输送能力均为 $550\times10^8\,m^3/a$。北溪天然气管道横跨波罗的海，从俄罗斯的维堡直接连接到德国的格雷夫斯瓦尔德。北溪管道铺设在水下（图1-1-2），经过严格的设计和施工来确保管道的安全性和可靠性[12]。

图 1-1-2 北溪管道在水下示意图

北溪天然气管道项目旨在通过直接输送天然气，避免依赖第三国的过境管道，从而降低能源供应中断的风险，增加天然气供应的可靠性。特别是在天然气作为相对清洁的化石燃料的背景下，该项目有助于满足欧洲国家日益增长的能源需求。此外，北溪天然气管道项目还被视为促进俄罗斯与欧洲国家之间经济合作和政治对话的重要纽带，但目前因为战争处于停运状态。

2. 亚马尔—欧洲天然气管道（Yamal-Europe Gas Pipeline）

亚马尔—欧洲天然气管道于1999年建成投产，是俄罗斯向欧洲供输天然气的重要管道，全长约2000 km。起于西西伯利亚亚马尔半岛，横跨俄罗斯、白俄罗斯、波兰和德国四个国家。其中俄罗斯段管道长度为402 km，白俄罗斯段575 km，波兰段680 km。管径1420 mm，设计压力8.4 MPa，设计输量 $330\times10^8\,m^3/a$[16]。随着后续的扩建和升级，该管道系统的输送能力已提高至 $420\times10^8\,m^3/a$。

该管道系统由俄罗斯天然气工业股份公司负责运营和管理。2011年11月，俄罗斯天然气工业股份公司完成了对白俄罗斯天然气运输公司的全部收购，掌握了俄罗斯天然气经白俄罗斯输往欧洲各国的主动权。在波兰境内，负责运营该管道的是波兰的欧罗波尔加斯（Europolgaz）公司。

亚马尔—欧洲天然气管道是俄罗斯与欧洲之间重要的能源合作项目之一，也是欧洲能源安全与供应多元化战略的重要组成部分。该管道系统的建设和运营与俄罗斯庞大天然气储量的直接联系，为俄罗斯提供了将天然气输送到欧洲市场的通道，优化了俄罗斯天然气的出口格局。同时减少了欧洲对其他天然气供应商的依赖，有助于满足波兰和德国及其他中欧和东欧国家的能源需求。同时，亚马尔—欧洲天然气管道在到达格雷夫斯瓦尔德后，与欧洲天然气管网相连，可将天然气分配到西欧的各个国家。亚马尔—欧洲管道是一个重要的能源基础设施项目，为俄罗斯天然气向欧洲市场的运输提供了便利，并有助于俄罗斯和欧洲的能源稳定。

第二节　长距离输气管道腐蚀概述

一、内腐蚀类型和原理

根据现行国家标准GB 17820—2018《天然气》，天然气中硫化氢（H_2S）含量应不超过20 mg/m³，二氧化碳（CO_2）的摩尔分数应不超过4.0%，水露点应低于最低输送温度5 ℃。尽管长输管道中的天然气只含微量的H_2S和CO_2，但它们的存在仍会增加管道内腐蚀影响因素的复杂性[17]。在特殊情况下，比如输送温度低于天然气的水露点时，管道内就会产生游离水。由于气体携液能力不足，因此在管道低洼处会出现积液。天然气中少量的H_2S和CO_2溶于积液中，使积液开始呈酸性，从而在管道内部低洼处开始发生腐蚀。此外，在管道建造、投产和清管过程中会导致微生物进入管道，也会造成内腐蚀。

1. H_2S 腐蚀

H_2S 溶于水后会腐蚀管道。腐蚀类型有电化学腐蚀和氢致损伤两种。电化学腐蚀是指 H_2S 溶于水后形成酸性环境，进而导致管道发生电化学腐蚀，造成管壁减薄或局部点蚀。氢致损伤是指在腐蚀过程中产生的氢原子进入管壁，聚集在管壁的冶金缺陷处，使晶格发生变形和扭曲，导致晶界的相对位移受到阻碍，进而在压力的作用下发生氢脆断裂的现象。

H_2S 溶于水形成电解液，如式（1-2-1）和式（1-2-2）所示：

$$H_2S \rightleftharpoons H^+ + HS^- \qquad (1-2-1)$$

$$HS^- \rightleftharpoons H^+ + S^{2-} \qquad (1-2-2)$$

电解液呈酸性，因此阴极为氢去极化作用，如式（1-2-3）所示：

$$2H^+ + 2e^- \longrightarrow H_{ab} + H_{ad} \longrightarrow H_2 \qquad (1-2-3)$$

式中　H_{ab}——管道表面吸附的氢原子；

H_{ad}——钢中吸收的氢原子。

阳极反应如式（1-2-4）所示：

$$xFe^{2+} + yH_2S \longrightarrow Fe_xS_y + 2yH^+ \qquad (1-2-4)$$

2. CO_2 腐蚀

CO_2 溶于水后会电离出碳酸氢根离子（HCQT）、碳酸根离子（CCV-），使管道内壁发生电化学腐蚀。

CO_2 溶于水中发生电离，反应如式（1-2-5）所示：

$$CO_2 + H_2O \rightleftharpoons H^+ + HCO_3^- \qquad (1-2-5)$$

CO_2 电离后产生 H^+，使溶液中 H^+ 浓度增加，进而产生氢去极化腐蚀。阴极反应如式（1-2-6）所示：

$$2H^+ + 2e^- \longrightarrow H_2 \qquad (1-2-6)$$

阳极反应如式（1-2-7）所示：

$$Fe \longrightarrow Fe^{2+}+2e^- \qquad (1-2-7)$$

3. 微生物腐蚀

在进行管道建造、投产、清洗等过程中难免会导致微生物进入管道，比如硫酸盐还原菌（SRB）、硫氧化菌（SOB）等。管道内的温度、压力等条件可能适宜这些微生物的生存，它们在管道内壁进行新陈代谢过程及其产物会导致管道内壁的腐蚀。

例如SRB，其导致腐蚀的机理如式（1-2-8）所示：

$$4Fe+SO_4^{2-}+4H_2O \longrightarrow FeS+3Fe(OH)_2+2OH^- \qquad (1-2-8)$$

4. 协同腐蚀

协同腐蚀是指不同因素共同导致的管道内腐蚀。例如对于H_2S腐蚀，H_2S本身的浓度能够影响腐蚀速率，而CO_2与氯离子（Cl^-）的浓度也能影响其腐蚀速率。此外，当H_2S与CO_2共存时，管道发生氢致开裂和硫化物应力开裂的风险也会增加。

二、外腐蚀类型及原理

根据长距离输气管道所处环境不同，其管体本身所受到的外腐蚀也不同，主要腐蚀类型有以下4种[18]。

1. 土壤腐蚀

在土壤介质形成的电解质溶液中，输气管道的金属材料构成了各种不同的腐蚀电池。这些腐蚀电池的形成主要有两个原因：一是因管道表面状况不同而产生的微观腐蚀电池，二是由不同的腐蚀介质所产生的宏观腐蚀电池[19]。若每一段管线所在的土壤具有不同的空气渗透率，则其含氧量会有较大差异，导致腐蚀电池的形成。土壤的电阻率是反映土壤侵蚀程度的重要指标，电阻率较低表明土壤侵蚀程度较强。土壤自身性质的影响包括含氧量、导电性、pH值、温度以及孔隙度等。

1）含氧量

由于土壤中的孔隙，或者是一些溶解氧伴随雨水渗入土壤，土壤内部存在着氧气。除一些酸性的土壤之外，绝大多数情况下氧为阴极去极化剂，其反应如式（1-2-9）所示：

$$O_2+2H_2O+4e^- \longrightarrow 4OH^- \qquad (1-2-9)$$

一方面，土壤孔隙较多便会让土壤含氧量增高，则会让腐蚀加重；另一方面，土壤透气性较差，虽然不利于氧的阴极去极化，但可能会增强厌氧菌的破坏作用。

2）导电性

影响土壤导电性的因素也有许多，例如含水率和盐分含量等因素。导电性主要与土壤中电解质溶液的量相关，土壤电阻率与腐蚀性关系见表1-2-1。

表1-2-1 土壤电阻率与腐蚀性关系

土壤电阻率/($\Omega \cdot cm$)	腐蚀性	钢的平均腐蚀速率/(mm/a)
0～500	很高	>1
500～2000	高	0.2～1
2000～10 000	中等	0.05～0.2
>10 000	低	<0.05

3）pH值

土壤中一些有机酸和无机酸的存在会电离出H^+，而盐类电解质的溶解则可能释放出的H^+和OH^-。土壤中这些离子的含量将决定土壤的酸碱性，并对腐蚀过程产生重要影响。

4）温度

温度对土壤导电性、氧渗透率及微生物存活都有影响。因此温度对土壤的腐蚀性也是具有一定间接影响。

5）孔隙度

土壤的孔隙度较大则容易吸收氧气与水分，也更加容易出现氧气作为阴极去极化剂发生腐蚀反应。应当指出，土壤腐蚀的影响因素远不止以上这些，土壤腐蚀性的表现形成较为复杂，如图1-2-1所示。

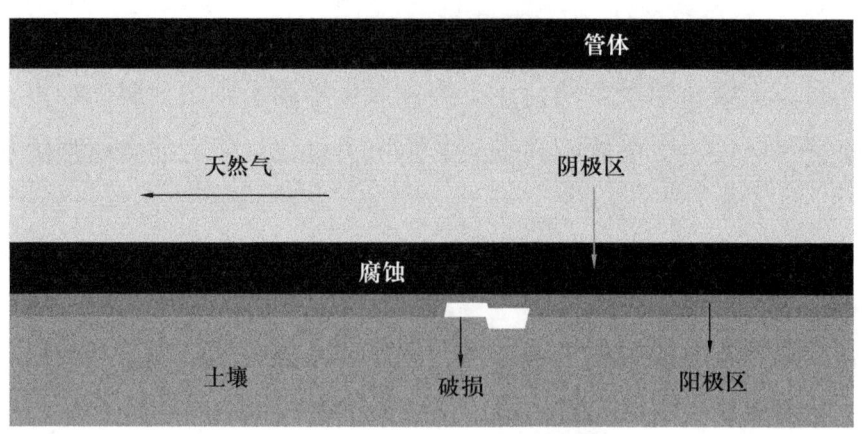

图1-2-1　管道土壤腐蚀示意图

2. 细菌腐蚀

细菌腐蚀（微生物腐蚀）是埋地管道腐蚀过程中常见的一种腐蚀形式，主要由硝酸盐还原菌（NRB）、氧化菌、铁细菌（IB）、硫酸盐还原菌（SRB）等微生物引起。这些细菌中，最具有代表性的是硫酸盐还原菌，其生存环境为透气性较差、中性或碱性的土壤，或者是广泛分布在湖泊、海洋、水田、河流、沼泽等的淤泥中[20]。由于其本身可以使硫酸盐离子被还原，并在阴极反应中产生大量的腐蚀产物，如铁硫化物等[21]，覆盖在管壁上，造成二次局部腐蚀点（孔蚀）。在被硫酸盐还原细菌侵蚀的地方，通常伴随黑色沉积物的形成，使泥土变成黑色，并散发出一股难闻的H_2S气味[18]。细菌腐蚀的过程如图1-2-2所示。

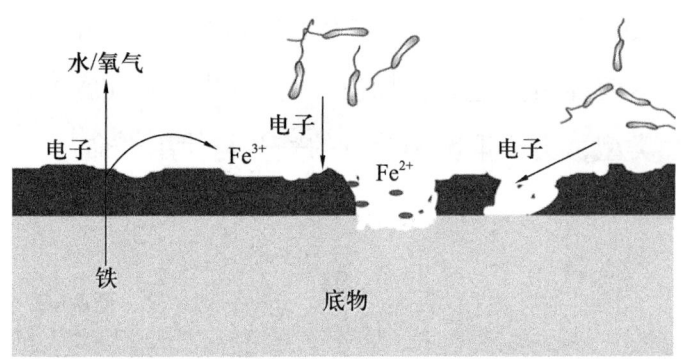

图 1-2-2 细菌腐蚀示意图

3. 杂散电流腐蚀

杂散电流腐蚀也称干扰腐蚀，由于接地电流会在管道两端形成阴阳两极，导致管线发生外腐蚀，这属于电化学腐蚀[22]。管道的腐蚀主要是杂散电流在破损的防腐涂层处形成阳极区对管线进行腐蚀[23]，电气化铁路、阴极保护设备以及高压输电线等都是杂散电流的来源。输电线路铺设在输电线路上，由于电磁场的作用，产生了交流电导致腐蚀，对人体及设备均有很大的危害[24]。杂散电流腐蚀的过程如图 1-2-3 所示。

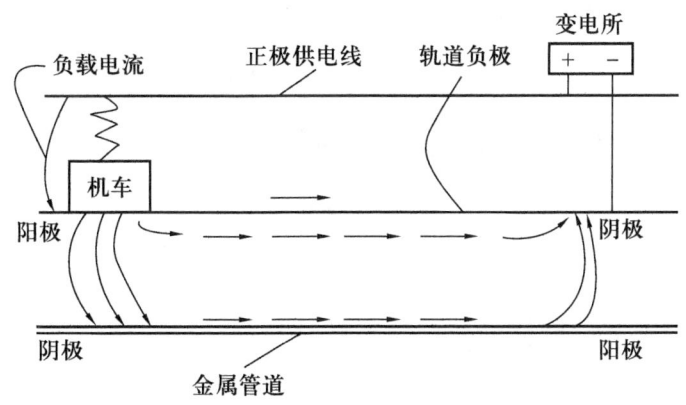

图 1-2-3 杂散电流腐蚀示意图

4. 大气腐蚀

大气腐蚀是指管道或金属表面受到空气中各种化学或电化学等物质的作用被逐步破坏的现象。除了杂质、污染物之外，天气也是影响大气腐蚀的主要因素之一。天气干燥的情况下，许多杂质及污染物的腐蚀作用较小；然而当空气湿度较大时，管道的外腐蚀速率会加快[25]。因此，大气腐蚀作为站场中一种普遍存在的腐蚀类型，会严重影响管道的安全与使用寿命[26]。管道大气腐蚀的过程如图1-2-4所示。

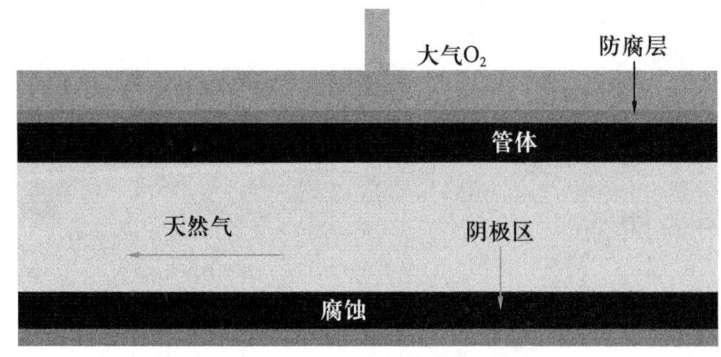

图1-2-4　管道大气腐蚀示意图

大气腐蚀电化学过程的阴极反应过程分为两种，中性或碱性的阴极过程和酸性的阴极过程。中性或碱性阴极过程反应如式（1-2-10）所示：

$$O_2 + 2H_2O + 4e^- \longrightarrow 4OH^- \tag{1-2-10}$$

酸性阴极过程反应如式（1-2-11）所示：

$$O_2 + 4H^+ + 4e^- \longrightarrow 2H_2O \tag{1-2-11}$$

金属M的溶解过程，即阳极过程反应如式（1-2-12）所示：

$$M + xH_2O \longrightarrow M^{n+} \cdot xH_2O + ne^- \tag{1-2-12}$$

三、腐蚀控制技术

1. 内腐蚀控制技术

1）内涂层防腐

管道内涂层防腐在工业领域得到广泛应用，其原理是将一种特殊材料涂覆在管道内壁，以防止腐蚀并保护管道。管道内涂层具有适应性强、施工方便、成本低和具有减阻功能等优点。管道内涂层应满足以下基本要求：

（1）在使用介质中非常稳定。

（2）形成的膜完整无孔。

（3）与底层金属结合牢固。

（4）具有一定的机械强度，硬度和适宜的弹性。

油气管道内涂层所使用的涂料种类繁多，各具特点。在长距离输气管道使用的内涂层材料中，环氧涂料最为常见。根据美国气体协会（AGA）对25种涂料的详细分析，最适合作为管道内涂层的涂料是环氧树脂型涂料[27]。这种涂料具有出色的耐腐蚀性能，可以有效地防止管道内腐蚀。环氧树脂型涂料还具有优异的附着力和耐磨损性，能够抵抗管道内部的摩擦和磨损。因此，AGA建议在输气管道的内部使用环氧树脂型涂料作为涂层，以保证管线安全可靠运行。

2）合理选材

选择合理的材料对确保管道正常、高效和长期运行至关重要。选材需要在调查研究的基础上进行综合分析和比较鉴别。在选择材料时，应该考虑以下因素：

（1）材料必须具备所需的耐蚀性能。

（2）材料的机械性能必须满足要求。

（3）技术性和经济性要取得平衡。

综合考虑这三个方面，可以确保选取的材料能够满足长距离输气管道的要求。比如西气东输一线使用X70级钢管，西气东输二线和三线均采用X80级钢管。

3）定期清管

对长输管道进行定期清管，清除积液和腐蚀产物等，可以有效地控制腐蚀。GB/T 23258—2020《钢质管道内腐蚀控制规范》规定，要根据管道内的沉积物、细菌等对管道的腐蚀情况，确定一个合适的清管周期。同时，清管时需要注意避免对管道内涂层造成破坏。

2. 外腐蚀控制技术

我国大部分的石油与天然气管道的外腐蚀控制技术主要是采取管道外防腐涂层和外加电流阴极保护的措施。目前，大部分管网和储罐只采用了外涂层保护。而近年来，中国石油天然气集团有限公司在新建管道站场上普遍采用了区域阴极保护。

通常情况下，管道干线阴极保护系统每个月都要进行沿管线的保护电位检测。以往，对涂层的检测与维修都是比较被动的，除了对区域化阴极保护系统进行定期检查之外，站场设备的腐蚀控制系统基本上没有检查。通常情况下，当发现有锈蚀征兆时，或者随着站场设施的改造而重新涂覆。这种往往是在发现问题（比如阴极保护电位异常、管道腐蚀等）后才进行。近几年来，石油和天然气管道的运行管理人员越来越重视防腐体系的管理，已经开始对其进行系统性的检测与维护。

1）管道防腐层技术

作为能源工业中不可或缺的一部分，埋地管道系统在天然气输送、石油运输等领域发挥着至关重要的作用。然而，长期运行在地下环境中，管道面临各种腐蚀因素，如土壤成分、地下水、微生物、气候条件等，都可能对管道的材质造成腐蚀。腐蚀不仅会降低管道的强度和耐用性，还可能导致泄漏事故，对人员和环境带来巨大风险。地下管道外防腐层的主要作用就是抵御这些腐蚀因素，确保管道的完整性和可靠性[28]。

外防腐涂层是最常见的地下管道外防腐涂层之一，其原理是在管道表面涂覆特殊的腐蚀抑制剂或涂层材料，形成屏障，以隔离管道表面和外部环境，防止土壤中的湿氧、盐分和化学物质造成对管道的腐蚀。不同的环境和管道类型需要采用不同的涂层材料[29]。常用的埋地管道外防腐层类型、结构、厚度及长期工作温度范围见表1-2-2。

表 1-2-2　埋地管道常用外防腐层

类型	结构	防腐层厚度 / mm	长期工作温度 / ℃
无溶剂环氧涂层	普通级	0.4 ± 0.05	−30～100
	加强级	0.6 ± 0.05	
聚乙烯胶粘带	加强级	≥1.0	−30～70
	特加强级	≥1.4	
聚丙烯胶粘带	加强级	≥2.2	−30～60
	特加强级	≥3.3	
无溶剂环氧 + 聚丙（乙）烯胶粘带	普通级无溶剂液体环氧防腐层外缠加强级聚丙烯胶粘带	≥1.9	−30～70
	加强级无溶剂液体环氧防腐层外缠加强级聚丙烯胶粘带	≥2.1	
无溶剂环氧玻璃钢	环氧底层—环氧中间层—玻璃纤维布—环氧面层	0.55 ± 0.05	−20～90
	环氧底层—环氧中间层—玻璃纤维布—环氧中间层—玻璃纤维布—环氧面层	0.7 ± 0.05	

由于站场埋地管线腐蚀防护工作较为复杂，所有埋地工艺管线均应进行最低限度的加固处理，以达到延长防腐层使用寿命。在绝缘法兰和绝缘接头两侧各 10 m 内的地下管道，或者是管道埋设在具有强腐蚀性及环境比较恶劣地区，管道外壁通常采用特加强级防腐[29]。

在 20 世纪 80 年代之前，我国大多数站场内的保温管道并未进行充分的防腐处理，仅使用了保温外防护层，其密封性能较差。一旦保温层损坏，管道本体容易受到腐蚀[30]。目前，国内站场的保温管道已经普遍增设了防腐层，常见的防腐层材料包括环氧树脂/煤焦油防腐、聚氨酯泡沫塑料保温、聚乙烯包覆层以及镀锌钢板等[31]。

2）电法保护技术

管道外防腐采用的电法保护技术主要包括阴极保护和排流保护两种[32]。

（1）阴极保护技术。

阴极保护是一种通过外加电源（即强制电流阴极保护）或牺牲阳极改变金属电位，从而降低其腐蚀速率的方法[33]。强制电流阴极保护方法是由电源及埋地管道的阳极向受保护构件施加电流。牺牲阳极体系则是一种以锌和镁为代表的牺牲阳极与管线钢间的耦合作用为阴极保护提供必要的电流[34]。

管道阴极保护有外加电流和牺牲阳极两种方式，它们的优缺点见表1-2-3。

表1-2-3　阴极保护类型

电流类型	优点	缺点
外加电流	（1）阴极保护站保护范围大，管道越长经济性越高； （2）能灵活控制保护电流； （3）不受土壤电阻率限制； （4）采用难溶性阳极材料，可长期保护	（1）一次性投资费用高； （2）需外接电源； （3）对相邻设备有干扰； （4）保养维护难度高
牺牲阳极	（1）电流利用率较高； （2）可应用于无电源或应用点分散的情况； （3）对邻近设备几乎无干扰； （4）安装维修方便； （5）兼具接地和防腐的作用	（1）保护电路流难以控制； （2）对土壤导电性有要求； （3）易受杂散电流干扰； （4）投产调试复杂

针对长输管道的运行工况特点，主要采用强制电流阴极保护为主的保护方案对管网进行保护，并根据 GB/T 21448—2017《埋地钢质管道阴极保护技术规范》的最小保护电位准则来判断管道是否达到有效保护。

国际标准 ISO 15589-1 *Cathodic protection of pipeline systems*，*part* 1：*on-land pipelines* 中第6章规定了阴极保护有效性判别标准，确定了不同钢质管线、土壤电阻率、温度的不同对保护电位的判定，见表1-2-4。

（2）排流保护技术。

排流保护是指通过人为形成的通路将管道中流动的干扰电流直接或间接地流回到干扰源的负回归网络，从而减弱管道的直流干扰影响，达到防止管道电蚀的目的。一般有直流排流、极性排流、强制排流和接地排流四种排流方式。

表 1-2-4　在不同环境状况下自腐蚀电位和保护电位判别

金属或合金	环境状况	自腐蚀电位范围 /V	保护电位 /V
碳钢、低合金钢、铸铁	土壤和水环境温度在 40~60 ℃	−0.65~−0.4	−0.85
	土壤和水环境温度大于 60 ℃	−0.8~−0.5	−0.95
	土壤和水环境温度小于 40 ℃，土壤电阻率在 100~1000 Ω·m	−0.5~−0.3	−0.75
	土壤和水环境温度小于 40 ℃，土壤电阻率大于 1000 Ω·m	−0.4~−0.2	−0.65
	在厌氧菌和硫酸盐导致的腐蚀风险下的土壤和水环境[35]	−0.8~−0.65	−0.95

我国最早的与埋地钢质管道直流干扰相关的标准为 1996 年编制的 SY/T 0017—1996《埋地钢质管道直流排流保护技术标准》，并在 2006 年进行了修订已被 SY/T 0017—2006 代替。标准中详细规定了调查与测试、排流保护设计、排流保护的效果评定及调整、排流保护系统的管理等内容。并在 2014 年再次进行了修订，并升级为国家标准 GB 50991—2014《埋地钢质管道直流干扰防护技术标准》，结合国内实际对直流干扰的识别、检测、评价和防护进行了更加细致的规定，也更具有可操作性。

四、西气东输管道腐蚀概况

西气东输西北段管线地形十分复杂，包含山脉、平原、沙漠等不同类型的地貌。从总体上看北边的海拔高于南边，但中间区域又较低，每一段的土壤环境也各不相同。我国的西北地区温度差异大、地势复杂，同时又因人类的长期活动和地震等自然灾害，西气东输管线沿线地区经常会发生崩塌、洪水及泥石流的冲蚀等自然环境的破坏。其中，对西气东输管线有明显危害的主要为：洪水的冲蚀、地震、盐碱及其他土壤因素对管线的腐蚀。

由于管道内输送的物质是天然气，不可避免地存在二氧化碳、硫化物、水蒸气等，这些因素的长期作用会造成管道内形成腐蚀性的液体。随着时间的增加，对管道的腐蚀不断增强，腐蚀较严重的地方就会发生泄漏，管道也因此会遭到破坏。

西二线霍尔果斯站至精河站管段总长170.3 km，壁厚18.4 mm，对该管段进行三维高清漏磁检测。检测结果显示，在霍尔果斯站至精河站管道上共发现各类缺陷特征677个，金属损失614处、焊缝缺陷41处、凹陷19处、未知缺陷3处。由于焊缝缺陷和凹陷均发生在管道外壁，内部未知缺陷具有随机性，因此只考虑内壁上的金属损失，检测共发现内部金属损失105处。对精河压气站至乌苏压气站间175 km管段进行三维高清漏磁检测，发现各类缺陷特征2845处。其中，焊缝缺陷23处、凹陷16处、未知缺陷2处，共发现内部金属损失639处。由于西二线中的输送介质含有微量的H_2S，且有积水存在，因此其内腐蚀发生点较多。

本章首先讲述了国内外长距离输气管道的概况及其腐蚀情况，并对长距离输气管道内腐蚀和外腐蚀的类型、原理和相应的控制技术进行了概述。在此基础上，后续章节将围绕腐蚀控制与评价展开详细探讨。第二章和第三章深入分析外腐蚀控制技术，重点探讨阴极保护技术和抗杂散电流腐蚀技术。第四章针对不同类型的腐蚀讲述了不同类型的腐蚀评价方法，包括内腐蚀直接评价（ICDA）、外腐蚀直接评价（ECDA）和应力腐蚀开裂直接评价（SCCDA）。第五章讲述了腐蚀风险评价技术，探讨定性、半定量和定量三种腐蚀风险评价方法。此外，在每章的最后一节均结合工程案例来详细讲解相关技术的实际应用，以供读者深入理解。

参 考 文 献

[1] 顾馨生. 中缅天然气、原油管道工程施工成本控制模型应用研究[D]. 青岛：中国石油大学（华东），2014.

[2] 张烈辉. 油气简史[M]. 北京：石油工业出版社，2022.

[3] 姜昌亮. 中俄东线天然气管道工程管理与技术创新[J]. 油气储运，2020，39（2）：121-129.

［4］孙勇，赵国辉，游泽彬，等.中俄东线中段天然气管道投产技术探讨［J］.油气储运，2022，41（11）：1312-1318.

［5］陈圣炜.中俄东线天然气管道穿越长江多项参数挑战世界之最［J］.石油工程建设，2021，47（3）：78.

［6］国家管网.中俄东线天然气管道南段全面开工［J］.焊管，2021，44（1）：18.

［7］张栋，闫锋，欧阳欣.中俄东线天然气管道运行保障关键技术［J］.油气储运，2020，39（8）：861-870.

［8］川气东送管道增压工程（二期）全面完成［J］.水泵技术，2022（6）：53-54.

［9］牟磊，刘海峰，甘燕利，等.西气东输一线管道掺氢输送压缩机运行工况适应性分析［J］.石油与天然气化工，2023，52（2）：133-141.

［10］于江艳.西气东输累计突破8000亿立方米［N］.新疆日报，2023-02-26.

［11］国家管网.国家管网西气东输四线工程全面开工［J］.水泵技术，2022（5）：56.

［12］刘亚旭，李为卫，霍春勇，等.从技术视角看北溪管道泄漏事件［J］.石油管材与仪器，2023，9（1）：1-5.

［13］Nord Stream AG. Incident on the Nord Stream Pipeline［EB/OL］.（2022-1-02）［2025-04-30］.https：//www.nord-stream.compress-info/ press-releases/.

［14］Hillenbrand HG，Kalwac，Schroeder J. Meeting highest requirements for the challenge of the Nord Stream project［C］. Proceedings of the Pipeline Technology Conference，2009.

［15］董瑾.北溪管道用管线钢管的质量控制述评［J］.西安石油大学学报（自然科学版），2022，37（4）：112-119.

［16］潘楠.俄罗斯六条潜在天然气出口管道现状及前景分析［J］.国际石油经济，2016，24（6）：75-86.

［17］代佳赟.西二线天然气管道内腐蚀状况及剩余强度评估［D］.成都：西南石油大学，2015.

［18］王博.管道腐蚀原理及防腐保护［J］.中国新技术新产品，2009（24）：89.

［19］中国石油管道公司.油气管道腐蚀控制实用技术［M］.北京：石油工业出版社，2010.

［20］杨明海.天然气管道腐蚀原因及防治措施［J］.化工管理，2022（8）：124-126.

［21］王强，苗金明.地下管网检测技术［M］.北京：机械工业出版社，2014.

［22］刘丹丹，陈军，岳喜春.油气储运管道防腐问题研究与分析［J］.中国科技期刊数据库工业A，2023（7）：57-60.

［23］于玉梅.川口－南泥湾输油管道ϕ219弯管腐蚀后强度变化研究［D］.西安：西安石油大学，2015.

［24］赵晋云，田小杰.长输油气管道维护管理和维修的若干标准问题［C］.中国石油石化安全生产与应急管理技术交流会.中国石油学会，2014.

[25] 姜慧春,韩林元.天然气管道腐蚀原因及防治措施[J].中国科技期刊数据库 工业A,2023(4):36-39.
[26] 张本同,王孟孟,宗丽娜.天然气长输管道腐蚀及防护研究[J].山东化工,2017,46(18):134-135,138.
[27] 田晓龙,陈家舟,马玉琴,等.设备防腐技术探讨[J].化工管理,2017(35):185.
[28] 《天然气地面工程技术与管理》编委会.天然气地面工程技术与管理[M].北京:石油工业出版社,2011.
[29] 阎庆玲,赵君,张丰,等.油气站场地下管道防腐层技术状况调查分析[J].石油工程建设,2009,35(4):55-57,2.
[30] 佟国君.浅谈油气管道的腐蚀及预测研究[J].化工管理,2016(3):134.
[31] 袁赓.油气管道的腐蚀及预测研究[D].大连:大连理工大学,2011.
[32] 中国工业气体工业协会.中国工业气体大全[M].大连:大连理工大学出版社,2008.
[33] 徐晓刚.油气储运设施腐蚀与防护技术[M].北京:化学工业出版社,2020.
[34] 崔之健,史秀敏,李又绿.油气储运设施腐蚀与防护[M].北京:石油工业出版社,2009.
[35] 王洪志.动态直流干扰下阴极保护效果评价研究[J].石油化工腐蚀与防护,2022,39(4):1-5.

第二章 长距离输气管道阴极保护技术

长距离输气管道长期处于复杂环境中，腐蚀现象极易发生，这不仅会造成管道材质的损坏，还可能引发安全事故和能源泄漏，严重威胁管道的安全运行。阴极保护技术作为一种主动防护手段，在抑制管道腐蚀、延长管道使用寿命方面具有关键作用。本章概述了阴极保护技术，阐释其工作原理，分析其通过电化学作用抑制腐蚀的机制。通过论述管道阴极保护有效性测试，说明阴极保护有效应考察指标，列举管地电位测试等常用方法，强调测试点选择原则。最后以西气东输管道为例，开展了管道阴极保护有效性测试的案例分析。

第一节 阴极保护技术概述

一、阴极保护原理

阴极保护是一种利用电化学方法降低金属腐蚀速率的技术，其原理是将被保护金属转换成电化学反应中的阳极，从而达到保护金属的目的[1]。强制电流保护法和牺牲阳极保护法是阴极保护方法中常见的方法[2]。

管道阴极保护的原理基于电化学反应。在电化学系统中，由于电子的流动而引起的化学反应被称为电化学反应。该过程涉及电子的转移和离子的迁移，是电化学过程中的核心部分。

金属管道与周围环境会形成一个电池系统，其中金属管道是阴极，而电解质（如土壤、水等）中的杂质则是阳极。在自然环境中，金属管道的电位会相对较高,因此易受腐蚀。但通过施加一个外部电流,可以将金属管道的电位降低到一个较低的水平,使其成为电流的接收器,从而减少腐蚀。

管道阴极保护的关键是确保金属管道的电位保持在一个合适的范围内,使其成为一个有效的阴极。通常,在土壤和水环境下,最小保护电位 E_p 为 -0.85 V,管道限制临界电位 E_1 不应低于 -1.20 V,才能达到较好的阴极保护效果。长距离输气管道往往经过不同的地质和土壤环境,在这种情况下更容易发生管道的腐蚀现象。因此,合理运用阴极保护装置可以使金属管道表面的腐蚀反应得到抑制,从而延长管道的使用寿命。

1. 参比电极

在测量金属的电极电势时,常使用饱和硫酸铜溶液作为参比电极,这是因为饱和硫酸铜的结构十分简单且测量时的电极电位稳定。这种被用来进行参考比较的电极被称为参比电极,不同参比电极之间的电位比较见表2-1-1。

表 2-1-1　金属在不同参比电极电位差

类别	饱和硫酸铜	氯化银	锌	饱和甘汞
钢铁(土壤或水中)	-0.85 V	-0.75 V	0.25 V	-0.778 V
钢铁(硫酸盐还原菌)	-0.95 V	-0.85 V	0.15 V	-0.878 V

2. 腐蚀电位

腐蚀电位是用于描述金属在特定环境中发生腐蚀行为的参数,腐蚀电位是衡量金属耐腐蚀性能的一种重要指标,相对于饱和硫酸铜参比电极(CSE),不同金属在土壤中的腐蚀电位(V)见表2-1-2。

在长距离输气管道工程中管道的焊缝金属存在着填充金属,焊缝金属的成分与管道本体的金属是有差异的,因此它们的腐蚀电位往往是不相同的。这就造成了管道与焊缝之间存在着腐蚀电位差,有时两者的腐蚀电位差可达 0.275 V,埋入地下后,电位低的部位会遭受腐蚀。在发生减薄或断裂后更换管道，新管道的腐蚀电位比旧管道电位高，电子会从电位低的流向电位高的，新管道会首先发生腐蚀。管道在敷设时，跨越的地段的土壤温度差距较大也会造成金属表面各点电位的不同，进而发生腐蚀现象[3]。

表 2-1-2　不同金属在土壤中的腐蚀电位（相比于CSE）

种类	电位 /V
高纯镁	−1.75
镁合金（6%Al，3%Zn，0.15%Mn）	−1.60
锌	−1.10
铝合金（5%Zn）	−1.05
纯铝	−0.80
低碳钢（表面光亮）	−0.80～−0.50
低碳钢（表面锈蚀）	−0.50～−0.20

二、阴极保护方法

实现阴极保护的方法通常有牺牲阳极法和强制电流法。随着石油天然气工业的不断发展，大量埋地敷设的油气管道很难与高压线路以及电气化铁路等保持规定的安全距离。这些线路会对油气管道产生电磁干扰，带来的杂散电流会加快管道的腐蚀。当管道受到过量的散杂电流时，可以采用排流法排出管道周围的杂散电流，排出后的管道上会保留有一定的负电位，使管道得到了阴极保护。因此，排流保护也是一种限定条件下的阴极保护方法。

在电化学腐蚀中阳极发生氧化反应，阴极发生还原反应。牺牲阳极法就是根据该原理，通过选择具有足够负电位的牺牲阳极材料，使其在电池中优先溶解，从而达到保护金属管道的目的。相比于外加电流法，牺牲阳极的阳极材料可以布置和制作成任意形状，且阳极材料电位有限，不会出现过度保护的问题。阳极材料虽然需要定期更换，但总体维护费用比较低。

牺牲阳极法虽然简单有效，但其效果受到多种因素的影响，如电解质的性质、牺牲阳极材料的选择和安装方式等。因此，在实际应用中需要进行合适的设计和维护，以确保防腐效果作为牺牲的阳极会被腐蚀。由于牺牲阳极会随时间浴解，需要定期更换或补充，以较好的保持钢制管道结构的完整性和耐久性。同时，应确保金属管道和牺牲阳极之间的电位差足够大，以提高防护效果。

通常用于土壤环境中的牺牲阳极及适用条件见表 2-1-3。

表 2-1-3 牺牲阳极的选用

阳极类型	适用条件	适用环境及电解质电阻率 / $\Omega \cdot m$
带状镁阳极	管道保护	土壤，电阻率 >100
高电位镁阳极	管道、罐底板外保护	土壤，电阻率 60~100
标准镁阳极	管道、罐底板外保护	土壤，电阻率 <60
	罐内保护	水溶液，电阻率 >100
锌阳极	管道、罐底板外保护	土壤，电阻率 <15
	储罐、设备避雷防静电接地	
铝阳极	罐内保护	水溶液，电阻率 <100

（1）牺牲阳极设计技术计算。

确定在规定的使用期限内阳极尺寸及数量，或者在规定的阳极尺寸下确定阳极数量及其使用期限。

计算保护电流计算式为：

$$I = \frac{E_K - E_A - 0.35}{R_A} \qquad (2\text{-}1\text{-}1)$$

式中 I——保护电流，A；

E_K——埋地管道的自然电位，V；

E_A——牺牲阳极的自然电位，V；

R_A——牺牲阳极的接地电阻，Ω。

（2）牺牲阳极接地电阻计算。

垂直式圆柱形牺牲阳极的计算式为：

$$R=\frac{\rho}{2\pi L_s}\left(\ln\frac{2L_a}{D}+\frac{1}{2}\ln\frac{4t+L_a}{4t-L_a}+\frac{\rho}{\rho_r}\ln\frac{D}{d}\right) \quad \left(L_a\geqslant d,\ t\geqslant\frac{\alpha}{4}\right) \quad (2-1-2)$$

式中　R——阳极接地电阻，Ω；

　　　ρ——土壤电阻率，Ω·m；

　　　L_s——牺牲阳极的长度，m；

　　　ρ_r——填料层电阻率，Ω·m；

　　　L_a——填料层高度，m；

　　　d——阳极直径，m；

　　　D——填料层直径，m；

　　　α——衰减因素；

　　　t——阳极立柱中心至地面距离，m。

（3）水平式圆柱形牺牲阳极。

$$R=\frac{\rho}{2\pi L_s}\left(\ln\frac{2L_a}{D}+\ln\frac{L_a}{2t}+\frac{\rho_a}{\rho}\ln\frac{D}{d}\right) \quad \left(L_a\geqslant d,\ t\geqslant\frac{\alpha}{4}\right) \quad (2-1-3)$$

式中　L_a——填料层水平长度，m；

　　　t——阳极中心至地面距离，m。

（4）计算衰减因素 α。

$$\alpha=\sqrt{\frac{R_S}{R_T}} \quad (2-1-4)$$

$$R_S=\frac{\rho_t}{\pi(1000D_P-\delta)\delta} \quad (2-1-5)$$

$$R_T=\frac{R_c}{1000\pi D_P} \quad (2-1-6)$$

式中　D_P——管道外径，m；

R_S——管道线电阻,Ω/m;

ρ_t——钢管电阻率,Ω·mm²/m;

R_T——管道与周围介质间的等效横向电阻,Ω·m;

R_c——周围介质的电阻,Ω·m;

δ——管道壁厚,mm。

(5)计算保护长度 L。

假设牺牲阳极沿着管道均匀分布,则 L 的表达式为:

$$L = \frac{2}{\alpha} \arcsin \frac{E_0}{E_{\min}} \qquad (2-1-7)$$

式中 E_0——汇点外加电位,V;

$E_{\min}$——两组牺牲阳极间的外加电位,V。

(6)牺牲阳极工作年限 T。

$$T = \frac{GA_r\eta}{8760I_r} \qquad (2-1-8)$$

式中 G——牺牲阳极质量,kg;

A_r——牺牲阳极理论电化当量,A·h/kg;

η——牺牲阳极电流效率;

I_r——牺牲阳极电流,A。

三、外加电流法

外加电流法通过外部电源向被保护对象施加电流,使金属表面成为阴极,从而消除材料间不同的电位差。被保护金属与外加电源的负极连接,工作时,吸收电子并发生还原反应,从而减少了金属的氧化速率,延缓了金属的腐蚀。该方法适用范围广,不受环境电阻率的限制,适用于高电阻率或恶劣的环境,针对大规模工程经济性更好,但需要外部电源,对周围环境有干扰,维护复杂。因此,外加电流法是长距离输气管道阴极保护方法中最常用的。

外加电流法广泛应用于各种金属结构和设备的防腐蚀保护，如钢结构、管道、船舶、油罐等。其具有操作简单、成本较低、保护效果可控等优点。但也存在一些限制，如电流分布不均匀、阳极寿命有限等。在实际应用中，应根据具体情况综合考虑，并结合其他防腐蚀方法进行综合防护。

在设计强制电流方式时，应注意以下问题[4]：

（1）有可靠的电源；

（2）避免对周围金属构筑物及外部干线造成干扰腐蚀；

（3）合理的选择辅助阳极地床的位臂及埋设方式；

（4）符合防爆安全规定；

（5）在地质条件允许情况下，应优先考虑采用深阳极地床；

（6）采用多组阳极地床时，控制点的选择应有利于各组阳极的均衡排流，单组辅助阳极地床的工作电流不宜过大，在地面形成的跨步电压应 5 V/m。

外加电流法涉及的工艺计算包括：

（1）保护电流密度计算。

$$J_S = \frac{IK}{CA} \quad (2-1-9)$$

式中 J_S——保护电流密度，A/m²；

C——保护电流系数；

K——保护效率系数；

I——实际电流，A；

A——保护对象的面积，m²。

（2）管道保护长度计算。

$$2L_P = \sqrt{\frac{8\Delta V}{\pi D_P J_S R_S}} \quad (2-1-10)$$

式中 L_P——单侧保护管道长度，m；

ΔV——极限保护电位与保护电位之差，V；

D_P——管道外径，m；

J_S——保护电流密度，A/m²；

R_s——管道线电阻，Ω/m。

（3）管道保护电流计算。

$$2I_0 = 2\pi D_p L_p J_S \qquad (2-1-11)$$

式中　I_0——单侧管道保护电流，A；

L_p——单侧保护管道长度，m；

J_S——保护电流密度，A/m²；

D_p——管道外径，m。

（4）辅助阳极质量的计算。

$$W_a = \frac{T_a \omega_a I}{K} \qquad (2-1-12)$$

式中　W_a——辅助阳极总质量，kg；

T_a——辅助阳极设计寿命，a；

ω_a——辅助阳极的消耗率，kg/a；

I——保护电流，A；

K——辅助阳极利用系数，取 0.7～0.85。

当已知辅助阳极质量，也可用式（2-1-12）计算辅助阳极设计寿命。

第二节　管道阴极保护有效性测试

一、阴极保护有效性测试方法

1. 阴极保护参数

在工程中，评估阴极保护的有效性主要考虑两个指标：保护电流密度和保护电位。其中保护电位通常被视为更重要的考察指标。

1）保护电位

保护电位是指金属在进行阴极保护作用下达到安全状态，防止进一步腐蚀的电位值。该参数需要利用参比电极进行测量。在实际应用中，只需达到一个保护电位范围，即可满足保护度和保护效率的要求。测量保护电位的方法包括近参比法、闭路法和地表参比法[5]。其中应用最广泛的是地表参比法。地表参比法是将参比电极放置在管道的正上方地表土壤中，通过电压表测量其电位值。保护电位又分为通电电位和断电电位。

（1）通电电位。

外加极化电流的工况会导致金属管线电位持续降低，达到 −0.85 V，符合电位保护标准规范。根据现场调研，得到了当管线电位达到低于该值时管道腐蚀速率较低的结论，佐证了上述观点，保护度高达 90% 以上[5]。因此，这个标准值可以有效地评估埋地钢制管道实施阴极保护的效果，并控制阴极保护的程度。

在这段准则中，我们将引入外加电流下的埋地钢制管道的保护电位称为通电电位或管地电位。这个电位值可以用来评估阴极保护的效果和控制程度。目前常用地表参比法进行管地电位的测量。具体步骤为：在选定测量点之后，安放永久性参比电极，并将电压表接入埋地管和参比电极间，电压表的示数即为管道与参比电极之间的电位值[6]。

该电压降（IR 降）是由管地电位和电流流经管道与参比电极之间的电阻共同产生的。管道与参比电极之间的欧姆电阻由管道表面涂层电阻和管道与参比电阻之间的介质电阻两部分构成。

因此，实际测得的电压值无法确定阴极保护是否处于工作状态。如果电压降高于正常值或过大，实测的管地电位便不适用 −850 mV 准则，管道的阴极保护状态则无法判定。

（2）断电电位和电位衰减。

在切断外加电源后的短时间内（大约 3 s 内）测量得到的电位值称为断电电位。由于在测量此电位时已经切断了电源，因此该值不包含电压降（IR 降）。

若其中含有杂散电流或牺牲阳极,则此断电电位值将受到影响,不具备真实性,需要用断电设备进行断电电位值的测量。阴极保护中几个电位之间的联系如图2-2-1所示。从图中可以看出,通电保护电位和断电电位是阴极保护标准中的重要参数之一。

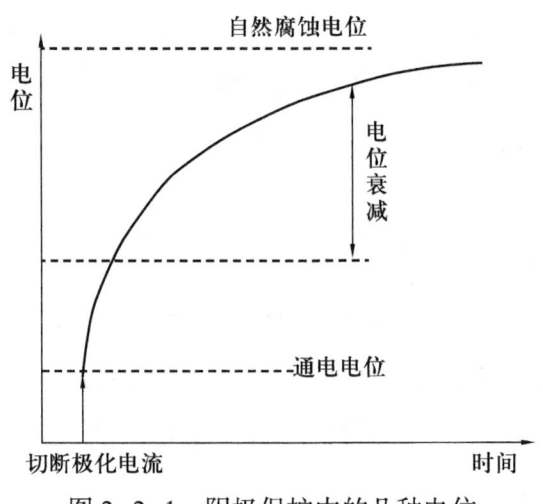

图2-2-1 阴极保护中的几种电位

2) 保护电流密度

被保护管道在单位面积上所需的最小保护电流称为保护电流密度,其受诸多因素的影响,包括介质条件、金属表面状况等。如果保护电流密度过大,可能会降低钢材的性能,导致保护失效,造成资源浪费。因此,在阴极保护的设计和施工过程中,应合理选择保护电流密度,确保其既能满足保护效果,又不会对钢材造成不利影响。通常阴极保护的控制参数主要依赖保护电位,只有在无法测量保护电位的情况下,才会考虑将其作为控制参数。

2. 阴极保护有效性测试方法

对于管道阴极保护有效性的测试,可采用管地电位测试、管中电流测试及地电位梯度测试等方法。

1) 管地电位测试

管地电位的测试包括通电电位测试、断电电位测试、试片断电电位测试、近参比法、密间隔电位测量和远地法等。通电电位的测试结果受阴极保护电流和动态直流杂散电流的双重压力降的影响[7]。而断电电位测试主要是指在中断恒电位仪条件下测得的电位值，同样受压力降影响较大。

（1）通电电位测试。

当管道阴极保护系统处于正常工作状态且管道正处于充分极化的状态下，才能进一步测试通电电位。测量步骤为：首先，将参比电极安放在管道正上方的土壤上，保持两者处于良好的接触；再将万能表的负接线柱与参比电极连通，正接线柱与管道连通。最后记录电压读数，即通电电位。测量得到的通电电位只能说明杂散电流对管地电位有一定影响，但不能用于判定阴极保护系统的有效性。

（2）断电电位测试。

在动态干扰条极保护电流、极化电位尚未衰减前，测试管道对地的电位。在存在动态干扰的条件下，切断阴保供电系统后测得的电位值即为断电电位。为确保管道充分极化，应在沿线的阴极保护电源处安装同步中断器，并设置合理的通/断周期。为避免同步误差，中断器的同步误差应小于 0.1 s。

常用的通断周期包括：12 s 通 3 s 断、4 s 通 1 s 断、800 ms 通 200 ms 断等[7]。为减小极化衰减的影响，需要尽量减短断电时间。同时，为避免冲击电压对断电电位的干扰，应合理选择延迟时间，通常可以在断电后延迟 1 s 以规避冲击电压峰值。如果条件允许，可以使用脉冲示波器或高频数据记录仪来测试电位衰减曲线，以确定适当的通断周期和电位读取延迟时间。

（3）试片断电电位测试。

由于通电和断电测试结果均受到不同程度的压力降的影响，因此无法准确反映管道的极化状态。为了模拟具有相同防腐层缺陷位置的极化状态，通常采用试片断电法。这一方法已广泛用于存在杂散电流干扰或难以同步中断恒电位仪的管道中。试片断电法测试过程的接线示意图如图 2-2-2 所示。在测试过程中，选用与管道材质相同的试片，将其裸露部分埋设在管道周围，试片的埋深与管道保持一致，以尽可能模拟管道的实际环境。试片与管道之间通过中断器连接，以确保试片可以充分极化。初始阶段，为确保试片极化充分，需保持中断器处于闭合状态，通常这一过程需要1 h的时间。

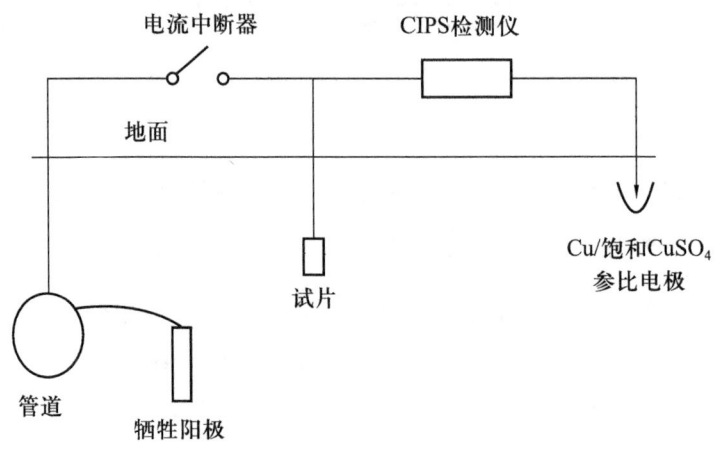

图 2-2-2　试片断电法测量示意图

试片极化完全后，为测量其断电电位值，可将中断器切换至通断状态或瞬时中断状态。此时测量得到的电位值可代表具有相同尺寸防腐层缺陷位置的阴极保护极化电位。

试片断电检测法根据原理可以分为失重检查片和阴极保护电位检查片。失重检查片利用失重法来检测检查片的腐蚀速率，通过比较阴极保护电位检查片和自然腐蚀检查片的腐蚀速率，来评估阴极保护效果，计算阴极保护度。而阴极保护电位检查片则通过测试检查片在阴极保护状态下的通电电位和断电电位来评估阴极保护效果。通过分析阴极保护度、阴极保护检查片的年腐蚀速率以及通断电电位，结合目前的规范标准来评价埋地管道的阴极保护的有效性。该方法结果直观，更加科学可信[8]。

（4）近参比法。

该方法是在埋设点处挖坑以放置管道便携式参比电极，这一举措能有效减小参比电极与被测表面间的土壤电阻，从而降低电压降。该方法的优点是克服了因地表参比点位置差异可能带来的误差，同时提高了数据的可比性。但不足之处是，在高电阻和大电流状态下，如果参比电极与覆盖层缺陷未能精准匹配，仍然会产生压力降。

（5）密间隔电位测量（CIPS）。

该方法是将参比电极随着管道沿线移动，并利用数据采集器以 1～2 m 的间隔不断记录和储存管道的电位值。根据收集得到的管地电位值，利用专业软件将其绘制形成整条管线的连续分布的阴极保护电位图。需要注意的是，测量时应确保探杖与土壤的充分接触，以降低人为测量误差。在进行密间隔电位检测前，应对现场工况进行预先测试，考察其通断周期、通断时间比及数据采集延迟时间等数据的合理性[9]。

（6）远地法。

该方法是将参比电极放置在远离地电场源的位置。首先，在距离测试桩至少 10 m 处放置第一个参比电极，然后距离每增加 10 m，使用数字万能表测量得到管地电位值。当相邻两个参比电极安放处的电位值小于 5 mV 时，无须移动参比电极，选取最远处的参比电极安放点的电位值作为管道与远方大地的电位参考值。这种方法适用于不受地电场影响的区域，也就是管道保护电位与管道对远方大地电位相等的情况。在计算该点的负偏移电位时，只需要计算它与自然电位之间的差值[10]。

针对现场不同情况，综合比较上述方法的优缺点见表 2-2-1。

表 2-2-1　6 种方法的优缺点对比

方法	优点	缺点	适用性
通电法	方法简单，易于操作，对人员要求较低	结果中含有较大的土壤 IR 降成分，不能用于管道阴极保护有效性的准确评价	评估阴极保护系统的工作状况
断电法	可以基本消除 IR 降的影响；在测量断开电位时，不会影响管道的阴极保护状态	在干扰电流存在的区域，无法去除由于干扰电流引起的 IR 降	管道防腐层绝缘不良，阴极保护电流密度大的管道
试片断电法	不受管道系统中的牺牲阳极、杂散电流的影响	实施困难、麻烦，结构不可靠，不可消除电压表测试回路 IR 降	无干扰电流存在

续表

方法	优点	缺点	适用性
近参比法	克服了地表参比点位置差异可能造成的误差，提高了数据的可比性	高电阻、大电流状态下，且参比电极位置又没对准覆盖层缺陷时，IR 降误差仍然存在	低电阻、小电流
密间隔电位测量	实现长距离、不间断的管道管地电位测量和记录，且操作简单	检测结果可能受到干扰电流的影响，需拖拉电缆，使用范围有限	不适合保护电流不能同步中断。套管内的破损点未被电解质淹没的管道
远地法	比较简单	在高电阻率介质中，大电流系统必须采用比正常状态更负的指标	地电场影响较严重的地方

对于管地电位测试结果的评估，通常会参考相关的阴极保护电位标准，如 $-850\ \mathrm{mV}$ 断电电位准则。针对防腐层较差或者其他极化和去极化速率较慢的管道，电位在 $-850\ \mathrm{mV}$ 的时间应保持不超过测试时间的 10%。而对于防腐层较好的管道或其他能够快速极化和去极化的管道，则需要更加严格的评价标准。电位评价准则如下：

① 电位正于 $-850\ \mathrm{mV}$ 的时间不应超过测试时间的 5%；

② 电位正于 $-800\ \mathrm{mV}$ 的时间不应超过测试时间的 2%；

③ 电位正于 $-750\ \mathrm{mV}$ 的时间不应超过测试时间的 1%；

④ 电位正于 $0\ \mathrm{mV}$ 的时间不应超过测试时间的 0.2%。

需要强调的是，100 mV 准则并不适用于评估试片的断电电位。这是由于试片与管道断开连接后，试片的极化衰减过程与管道的极化衰减过程并不一致，导致 100 mV 准则不适用于这种情况。

2）管中电流测试

管道内电流的变化反映杂散电流干扰的程度，但相比于电位测试法而言，电流测试法的准确性相对较差。此外，当管道沿线没有电流测试桩时，进行电流测试可能需要进行大量的开挖工作，因此在现场实施方面存在一定的困难。

常见的管中电流测试方法包括电压降法、标定法、电流环法和SCM杂散电流检测法等。

（1）电压降法。

该方法可通过测量得到的管道上两点之间的电压降，结合已知的管道电阻值进行管道电流的计算。这种方法主要适用于以下情况：被测管道表面无腐蚀或腐蚀程度较小、无分支管道、管道无接地极，且管道基本参数已知。其测量示意图如图2-2-3所示。

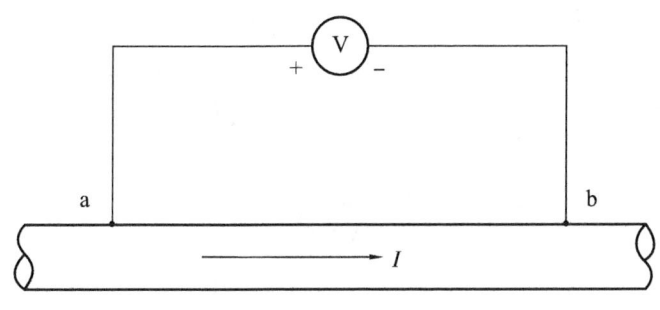

图2-2-3 电压降法测量示意图

测量过程如下：

① 测量a、b两点之间的管长L_{ab}，保证误差小于1%。L_{ab}的最小长度取决于管径大小和管内电流量，最小管长对应的a、b两点之间的电位差应大于50μV，一般情况下，L_{ab}取30 m作为测量基准。

② 利用电位差计或数字万用表测量得到a、b两点之间电位差。首先，应使用数字万用表确定a、b两点的正、负极性，测定得到一个V_{ab}的粗略值；然后，将正、负极分别与UJ-33D-1直流电位差计未知端的接线柱相连，精确测量V_{ab}；如果数字电压表的分辨率达到1μV，则可直接测量V_{ab}。

a、b段的管内的电流的计算式：

$$I = \frac{V_{ab}\pi(D-\delta)\delta}{\rho L_{ab}} \quad (2-2-1)$$

式中　I——ab段的管内电流，A；

　　　V_{ab}——ab间的电位差，V；

D——管道外径，mm；

δ——管道壁厚，mm；

ρ——管材电阻率，$\Omega \cdot mm^2/m$；

L_{ab}——ab 间的管道长度，m。

（2）标定法。

相比于电压降法，标定法更加复杂，可用于基本参数缺失的管道。其适用范围是：被测管道表面无腐蚀或腐蚀程度较小、无分支管道、无接地极，管道基本参数不明确。其测量示意图如图 2-2-4 所示。

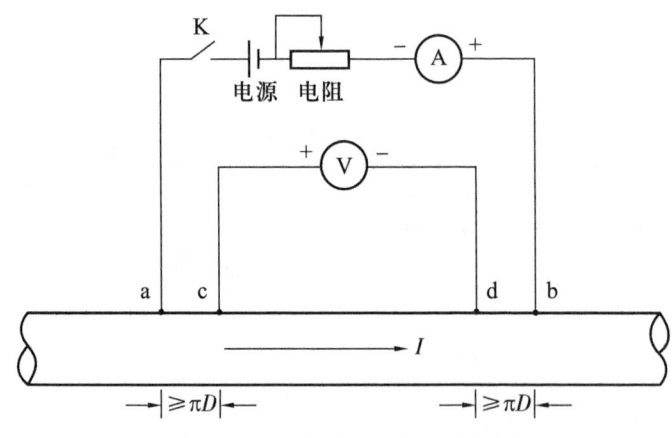

图 2-2-4　标定法测量示意图

测量过程如下：

① 测量并记录 c、d 两点间的电位差 V_0。需要明确管内电流的流动方向。

② 闭合开关 K，调节变阻器，使得电流表的读数 I_1 约为 10A，记录 I_1 准确读数，并记录此时的电压表测量的 c、d 两点间的电位差 V_1。

③ 调节变阻器，使得电流表读数 I_2 约 5A，记录 I_2 准确读数，记录此时的电压表测量的 c、d 两点间的电位差 V_2，注意电压表的极性，保证标定电路与被测管道电流流动方向一致。

c、d 段的管内的电流的计算式：

$$I = V_0 \beta \qquad (2\text{-}2\text{-}2)$$

$$\beta = \frac{\beta_1 + \beta_2}{2} \quad (2-2-3)$$

$$\beta_1 = \frac{I_1}{V_1 - V_0} \quad (2-2-4)$$

$$\beta_2 = \frac{I_2}{V_2 - V_0} \quad (2-2-5)$$

式中　I——cd 段的管内电流，A；

　　　V_0——未施加标定电流时 cd 间的电位差，mV；

　　　β——平均校正因子（cd 段管道电阻的倒数），A/mV；

　　　β_1——施加 I_1 电流时的校正因子，A/mV；

　　　β_2——施加 I_2 电流时的校正因子，A/mV；

　　　V_1——施加 I_1 电流时 cd 间的电位差，mV；

　　　V_2——施加 I_2 电流时 cd 间的电位差，mV。

（3）电流环法。

该方法是利用霍尔元件测试管中磁场的变化，从而间接测定流经管道的电流。可测量的电流大小范围为 5 mA～200 A，分辨率为 1 mA。值得注意的是，地磁场的存在会对电流环产生 ±100 mA 左右的扰动。因此当管道中电流小于 100 mA 时，测试值存在较大误差。将管道中的电流信号通过电路环转换为电压信号后，再使用连续数据记录仪进行记录。经现场实践应用表明，设备可用于管中电流大小及方向的测试，测试结果与电压差法的结果具有一致性，在实际操作时需要对待测管线进行开挖作业，且有一定的尺寸限制。该方法目前仍处于试验研究和试用阶段。

（4）SCM 杂散电流检测。

SCM 综合检测仪由英国雷迪公司开发，适用于杂散电流的检测，无须与管道直接接触，在表面即可对埋地管道中杂散电路进行智能监测与评估。该系统由智能感应器、智能探针、信号发送器、智能感应器控制软件、检测数据分析软件五大部分构成，如图 2-2-5 所示。

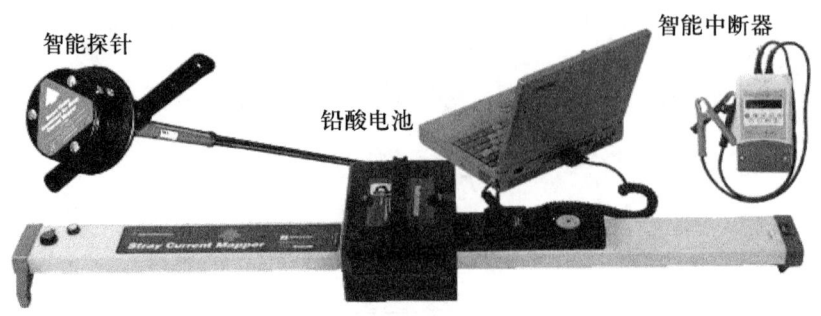

图 2-2-5 SCM 检测系统组成

SCM 系统的使用方法为：① 在进行测试前，首先需要精确定位和埋深测试要检测的管段。在选择检测点的位置时，应考虑管地电位的波动情况以及地电位梯度，优先选择位于管段区间中电位波动最显著的地点。② 将 SCM 静置感应板放置于远离干扰的位置，再将移动感应板放置在干扰管段区间内所选若干检测点上，应保证移动感应板垂直于管线正上方。该系统还可记录管地电位和杂散电流干扰强度随位置的变化情况。

3）地电位梯度测试

地电位梯度测试与直流电压梯度（DCVG）测试类似，通过测试土壤中地电位的梯度，实现对直流杂散电流的来源途径、强度和变化规律的判断。在管道附近适当位置的地面上布设 4 只相同的参比电极，两只为一组：一组参比电极平行于管道方向布设，另一组垂直于管道方向布设。每组两支电极的间距不宜小于 20 m，两组电极间距相同且对称交叉分布。两支参比电极之间连接一块直流电压表，以相同的时间间隔同时记录土壤中的电位梯度 V_a 和 V_b，并记录测试时间。

该方法可应用于在管道建设前，杂散电流干扰程度的预估。在管道敷设前，当无法进行管地电位的测试时，则可采用此方法。当土壤表面电位梯度不足 0.5 mV/m 时，直流干扰强度为"弱"；土壤表面电位梯度在 0.5～5 mV/m 时，直流干扰强度为"中"；土壤表面电位梯度高于 5 mV/m 时，直流干扰强度为"强"。其中，当管道附近的土壤电位梯度高于 2.5 mV/m 时，需要进行预设排流保护或其他防护措施。

4）其他测试方法

电位测试和电流测试均属于对腐蚀行为的间接检测方法，而 ER 探头检测法则是一种可对管道腐蚀情况进行实时检测的技术方法。通常，先将 ER 探头预埋在与管道相同的环境中，并与管道连接并承受相同的电磁环境后。ER 探头内试片的腐蚀情况就可表征管道可能发生的腐蚀情况。测试过程中，主要根据配套的记录仪对探头内金属试片电阻随时间的变化情况进行记录，并采用软件的内置算法转换为腐蚀速率。ER 探头安装在管道附近后，可以同时实现对交流电压、直流电压、腐蚀速率等的监测。其优点为可以测试样片的剩余厚度，估算腐蚀速率大小。

与失重挂片法相比，ER 探头无须进行多次开挖取样，即可实时跟踪管道腐蚀速率的变化，实用性更强。但同时对探头的测试精度要求也相对较高。

二、测试点选择原则

阴极保护系统与阴极保护测试装置应同步安装。测试装置需沿管线走向进行铺设，相邻测试装置的间隔应不高于 3 km。在城镇市区或工业区，相邻测试装置间隔不超过 1 km；在杂散电流的干扰影响区域内，测试装置的铺设密度可适当提高。测试装置应安装于管道正上方，并进行标识。

测试装置宜安装在以下位置：

（1）管道与直、交流电气化铁路的交叉处或平行段；

（2）管道与交流高压线的平行或交叉段；

（3）与外部管道交叉处；

（4）管道与堤坝或主干道的交叉处；

（5）管道穿越铁路或河流处；

（6）靠近其他阴极保护构筑物的位置。

对于非同沟敷设的并行管道，每条管道需单独布置测试装置，并且测试装置应在对应管道的正上方进行安装。每个测试装置中应至少有两条电缆与管道连接，电缆应通过颜色或其他方法进行标记区分，标记方法需全程统一。当存在杂散电流干扰影响或难以拆除的牺牲阳极装置时,应采用阴极保护检查片或者极化探头进行断电电位测量。

测试点选择原则如下:

(1)管道与干扰源交叉、近距离并行、距离突变的位置;

(2)管道波动振幅较大的位置;

(3)管道正向或负向偏移频次相对较高的位置;

(4)管道附近现场土壤测试的电阻率较低处,如图 2-2-6 所示。

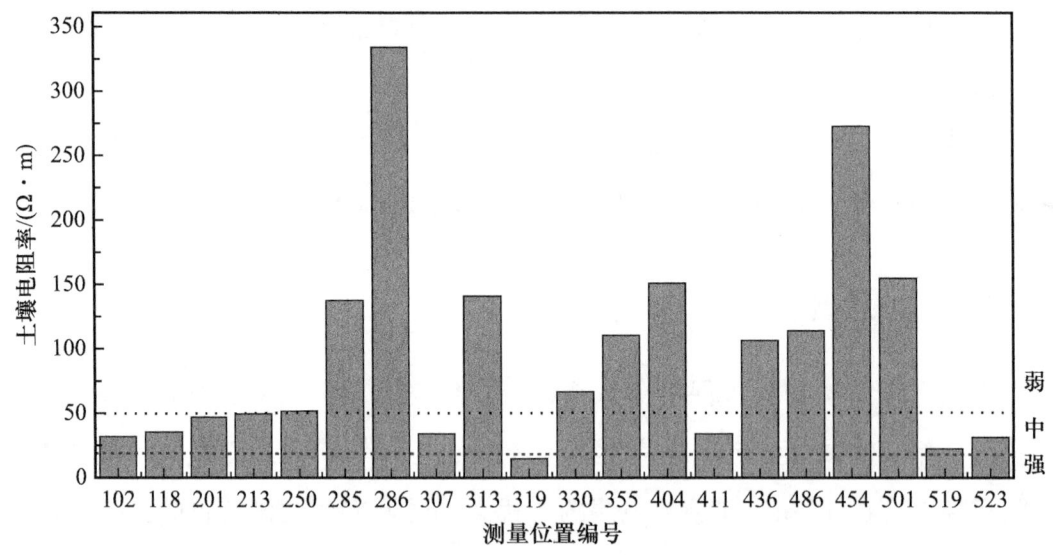

图 2-2-6　土壤电阻率分布图

根据以上原则,以某管道实际情况为例,将该管道划分为连续 3 个管段,每个管段选取 5 个测试点共 15 个测试点,见表 2-2-2,进行管道阴极保护有效性测试。

表 2-2-2　阴极保护有效性测试点汇总表

编号	桩号	里程	备注
1	118	K1+300 m	求雨岭站附近
2	213	K7+75 m	15# 阀室附近
3	250	K10+0	2017 年厂区里,管道直流电位正向偏移 7.68 V,管道负向偏移 -12.011 V

续表

编号	桩号	里程	备注
4	286	K15+208 m	与变电站距离不远
5	307	K18+869 m	土壤电阻较低，为4.40 Ω
6	312	K20+970 m	2016年管道直流电位正向偏移7.25 V，管道负向偏移−12.011 V
7	330	K20+800 m	2017年管道直流电位正向偏移10.22 V，负向偏移−10.9 V
8	355	K24+700 m	2017年管道直流电位正向偏移11.275 V，负向偏移−13.31 V
9	404	K31+800 m	土壤电阻较低，为10.41 Ω，荒草地便于测试
10	420	K34+200 m	2016年管道直流电位正向偏移10.34 V，负向偏移−11.91 V
11	436	K37+720 m	2017年管道直流电位正向偏移2.3.14 V，负向偏移−9.29 V
12	486	K44+700 m	2017年土壤电阻9.07 Ω
13	454	K40+945 m	区间段备用点，便于测量，2016年土壤电阻2.3.86 Ω
14	508	K47+700 m	19#阀室附近，地铁1号线附近，2016年土壤电阻6.48 Ω
15	523	K50+955 m	19#阀室附近，海边，通往大铲岛站，地铁11号线

第三节 西气东输管道阴极保护有效性测试案例

一、检测对象基本情况

本案例选择QDX50 km作为动态干扰管道阴极保护有效性现场测试管段。该管道地处SZ，管道起止点为QYL（分输压气站）—DCD（分输压气站），线路截断阀室5座，设计压力10 MPa，操作压力不超过4 MPa，管径为914 mm，防腐层为3PE，管道采用强制电流阴极保护，设有2座阴极保护站，分别位于15#阀室和19#阀室。5座线路截断阀室与2个站场均装有YH-GBD-1型电位传送器，电位范围为 −3～0 V，输出电流为 4～20 mA。5 座阀室及 2 座站场均存在绝缘接头，规格型号见表 2-3-1，根据《2017 年 GS 支干线外检测报告》2 座站场及 5 座阀室绝缘接头分布见表 2-3-2 和表 2-3-3。管道沿线近 47 个测试桩，桩编号为 HF102～HF523。其中，智能测试桩有三处分别是 HE109、HE171-2 和 HF201，均为 QDYH 生产；线路上牺牲阳极分布与参数见表 2-3-4。在 HF102～HF523 区间共安装有 24 处固态去耦合器排流保护装置，主要目的是为了屏蔽故障时铁塔接地极释放的强电冲击和交流排流；其中，排流地床材料为铜揽，固态去耦合器参数及排流设施性能见表 2-3-5 和表 2-3-6。

表 2-3-1　绝缘接头规格型

序号	使用地点	规格型号/mm	防雷保护装置及型号	是否已设置测试桩	是否更换过
1	QYL 站深燃分输出站	φ813	氧化锌避雷器 HY1.5 W−0.28/1.3	否	否
2	QYL 站 QDX 分输出站	φ914	氧化锌避雷器 HY1.5 W−0.28/1.3	否	否
3	QYL 站进站	φ1016	氧化锌避雷器 HY1.5 W−0.28/1.3	否	否
4	15# 阀室	φ323	氧化锌避雷器 HY1.5 W−0.28/1.3	否	否
5	16# 阀室	φ323	氧化锌避雷器 HY1.5 W−0.28/1.3	否	否
6	17# 阀室	φ323	氧化锌避雷器 HY1.5 W−0.28/1.3	否	否
7	18# 阀室	φ323	氧化锌避雷器 HY1.5 W−0.28/1.3	否	否
8	19# 阀室	φ323	氧化锌避雷器 HY1.5 W−0.28/1.3	否	否
9	DCD 分输压气站 SZ 燃气门站预留分输出站管线	φ610	氧化锌避雷器 HY1.5 W−0.28/1.3	否	否
10	DCD 分输压气站	φ914	氧化锌避雷器 HY1.5 W−0.28/1.3	是	否
11	DCD 分输压气站出站	φ813	氧化锌避雷器 HY1.5 W−0.28/1.3	是	否

表 2-3-2　站场绝缘接头保端 / 非保端分布情况

场站位置	测试位置	防雷设施完好性	备注
QYL 站	GS 进站	完好	站外存在杂散电流干扰
QYL 站	GS 出站	完好	站外存在杂散电流干扰
QYL 站	去 SZ 燃气	完好	
QYL 站	去放空	完好	无防雷箱
DCD 站	进站	完好	
DCD 站	出站	完好	
DCD 站	去放空	完好	

表 2-3-3　阀室绝缘接头保端 / 非保端分布情况

测试点位置	防雷设施完好性	备注
15# 阀室	完好	保护端和非保护端与接地都不导通
16# 阀室	完好	保护端和非保护端与接地都不导通
17# 阀室	完好	保护端和非保护端与接地都不导通
18# 阀室	完好	保护端和非保护端与接地都不导通
19# 阀室	无	管道和接地不导通

表 2-3-4　牺牲阳极性能参数与分布情况

所属线路	测试桩	牺牲阳极输出电流 / A	牺牲阳极开路电位 / V	牺牲阳极接地电阻 / Ω	土壤电阻率 / (Ω·m)	牺牲阳极与管道是否连接
西二线 GS 支线	HE108	0.007	−1.089	3.1	9.7	否
西二线 GS 支线	HE172	0.032	−1.174	2.85	43.1	否
西二线 GS 支线	HF201	0.120	−1.22	4.05	7.9	否

表 2-3-5　固态去耦合器型号及性能参数

固态去耦合器型号	SSD-2/2-5.0-100		
雷电冲击通流容量	100 KA	故障电流	>3500 A
稳态交流电值	45 A	直流隔离电压	−2 V/+2 V
护籍型号	HX-02	生产日期	2012 年 2 月

表 2-3-6　固态去耦合器排流设施检测数据表（地铁干扰段）

固态去耦合器编号	电阻测试	管道交流干扰电压测试		排流地床			交流排流量/A	直流泄漏量[①]/mA	
		干扰状态/V	排流状态/V	材料	开路电位/V	接地电阻/Ω		地铁运行	地铁停运
HE303	合格	6.5	1.28	铜缆	−0.24	0.79	6.27	−1710	−7
HE319	合格	2.15	0.28	铜缆	−0.30	0.67	2.33	−720	−3
HE320	合格	2.77	1.00	铜缆	−0.33	0.54	2.69	−670	−6
HE333	合格	6.15	1.28	铜缆	−0.33	0.92	2.53	−260	−7
HE334	合格	1.87	1.57	铜缆	−0.23	1.46	1.56	−190	−5
HF286	合格	12.77	3.49	铜缆	−0.27	1.20	3.69	−580	−7
HF287	合格	4.15	2.27	铜缆	−0.27	6.50	0.51	−110	−5
HF288	合格	4.83	3.21	铜缆	−0.40	3.62	0.43	−210	−5
HF289	合格	4.52	3.06	铜缆	−0.30	2.03	0.31	−150	−6
HF324	合格	16.5	16.1	铜缆	−0.3～0.3	超限	0.03	−60	−5
HF337	合格	4.8	—	铜缆	缺铜缆连接线				
HF400	合格	2.29	1.2	铜缆	−0.27	0.43	0.39	520	−6
HF403	合格	1.62	0.87	铜缆	−0.21	0.81	0.96	−150	−3
HF411	合格	0.59	0.57	铜缆	−0.19	0.51	2.01	−470	−5
HF413	合格	0.87	0.51	铜缆	−0.33	1.18	2.39	−970	−4
HF453	合格	6.13	1.15	铜缆	−0.14	17.17	1.89	−950	−6
HF455	合格	7.23	4.07	铜缆	−0.21	2.18	3.28	−1150	−3
HF495	合格	16	3.1	铜缆	−0.16	2.10	10.71	2680	−6
HF496	合格	15	2.3	铜缆	−0.20	2.54	12.31	−1210	−8
HF504	合格	10.38	1.22	铜缆	−0.30	3.78	7.50	−290	−4
HF507	合格	9.33	1.45	铜缆	−0.19	2.23	2.3.91	320	−7

① 管道至铜缆为正向。

管线多处与高压电网交叉，地铁 1 号、11 号线等地铁途径管道沿线。管线附近多丘陵、林地荒地，土质以沙土、黏土为主，气候温和，高温多雨，日照时间长。

二、测试点选取原则(案例)

(1)管道与干扰源交叉、距离突变、近距离并行的位置;

(2)管道波动振幅较大的位置;

(3)管道正向偏移频次较高的位置;

(4)管道负向偏移频次较高的位置;

(5)管道附近现场测试的土壤电阻率较低处。

根据以上原则结合管道沿线实际情况将 50 km 划分为连续 3 个管段,每个管段选取 5 个测试点共 15 个测试点,见表 2-3-7,进行管道阴极保护有效性测试。

表 2-3-7 阴极保护有效性测试点汇总表

编号	桩号	里程	备注
1	HF118	K1+300 m	QYL 站附近
2	HF213	K7+75 m	15# 阀室附近
3	HF250	K10+0	2017 年厂区里,管道直流电位正向偏移 7.68 V,管道负向偏移 -12.011 V
4	HF286	K15+208 m	与变电站距离不远
5	HF307	K18+869 m	土壤电阻较低,为 4.40 Ω
6	HE312	K20+970 m	2016 年管道直流电位正向偏移 7.25 V,管道负向偏移 -12.011 V
7	HF330	K20+800 m	2017 年管道直流电位正向偏移 10.22 V,负向偏移 -10.9 V
8	HF355	K24+700 m	2017 年管道直流电位正向偏移 11.275 V,负向偏移 -13.31 V
9	HF404	K31+800 m	土壤电阻较低,为 10.41 Ω,荒草地便于测试
10	HF420	K34+200 m	2016 年管道直流电位正向偏移 10.34 V,负向偏移 -11.91 V
11	HF436	K37+720 m	2017 年管道直流电位正向偏移 2.314 V,负向偏移 -9.29 V
12	HF486	K44+700 m	2017 年土壤电阻 9.07 Ω
13	HF454	K40+945 m	区间段备用点,便于测量,2016 年土壤电阻 2.386 Ω
14	HF508	k47+700 m	19# 阀室附近,地铁 1 号线附近,2016 年土壤电阻 6.48 Ω
15	HF523	k50+955 m	19# 阀室附近,海边,通往 DCD 站,地铁 11 号线

三、测试方法比选（案例）

1. 常用方法对比

动态直流干扰管段极化电位测试主要是为了确定该管段的阴极保护有效性。

AS 2832.1—2015 *Cathodic Protection of Metals-Part 1*: *Pipes and Cables*《金属阴极保护 第1部分：管道和电缆》中规定，阴极保护有效性的测试可包括电位连续监测、瞬间断电电位、试片法、探头法等方法。BS EN 50162—2004 *Protection against corrosion by stray current from direct current systems*《直流系统中杂散电流引起腐蚀的保护》中规定了杂散电流干扰的识别和测试方法，在动态直流干扰条件下，应对管地电位进行连续监测（如24 h，以覆盖干扰最严重的时刻）。

由于动态直流干扰管段电位测试应考虑时间因素对阴极保护有效性的影响。仅在一个时间点进行瞬间断电电位测量无法反映全时间段的阴极保护有效性。探头法虽然可以准确的监测交流电压和直流电压，计算腐蚀速率，确定管段的腐蚀状况，可对重点管段进行测试。

密间隔电位测试法可通过管段通断电电位判断管道阴极保护有效性，以往经过试验得到的断电电位，IR降较大。密间隔电位测试法数据修正法是在测试桩处安放一个固定的数据智能记录仪，记录测试桩管地的ON电位与OFF电位和对应的UCT时间。通过采用ON/OFF电位与平均值的偏差用以修正CIPS数据。

同步中断条件下的密间隔电位测试及数据修正法，测试的前提应满足如下几个假设：

（1）杂散电流造成的电位波动是"正负对称"的；

（2）安装静态数据记录仪处的干扰情况与CIPS位置的干扰情况是一致的；

（3）杂散电流不会造成极化电位的变化。

由图2-3-1可知，满足杂散电流造成的电动波动是"正负对称"的，但是各测试桩的通电电位状况并不相同，直流杂散电流会对管道极化电位产生影响。因此，方法并不适用。

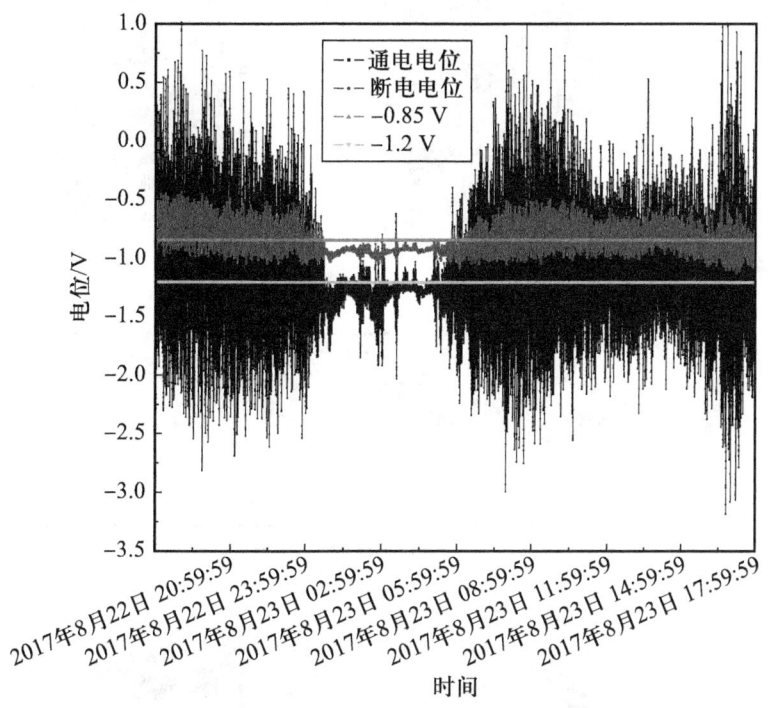

图 2-3-1　直流杂散电流对极化电位的影响

2. 试片断电法方法对比

采用试片断电法对试片采取 24 h 连续通断电电位测试，对评价动态直流干扰具有一定的适用性。

常用的试片断电法包括近参比法和参比管法，案例组在采用近参比法与参比管法进行对比测试，测试采用试片断电法来模拟同等面积防腐层缺陷位置的极化状态。根据近年来我国 3PE 管道防腐层质量和阴极保护测量经验，选取 10 cm^2 试片用于表征防腐层缺陷。结果如图 2-3-2 所示。

对比测试结果表明：近参比法与参比管法上测试结果基本一致，差别不大。HF355 测试点上测试结果比对并不明显。因此，从测量原理上来说，参比管对外部电流起着一定的阻隔作用，极化电位受外部干扰较小，因此本次测试采用参比管法进行试片断电法测试。

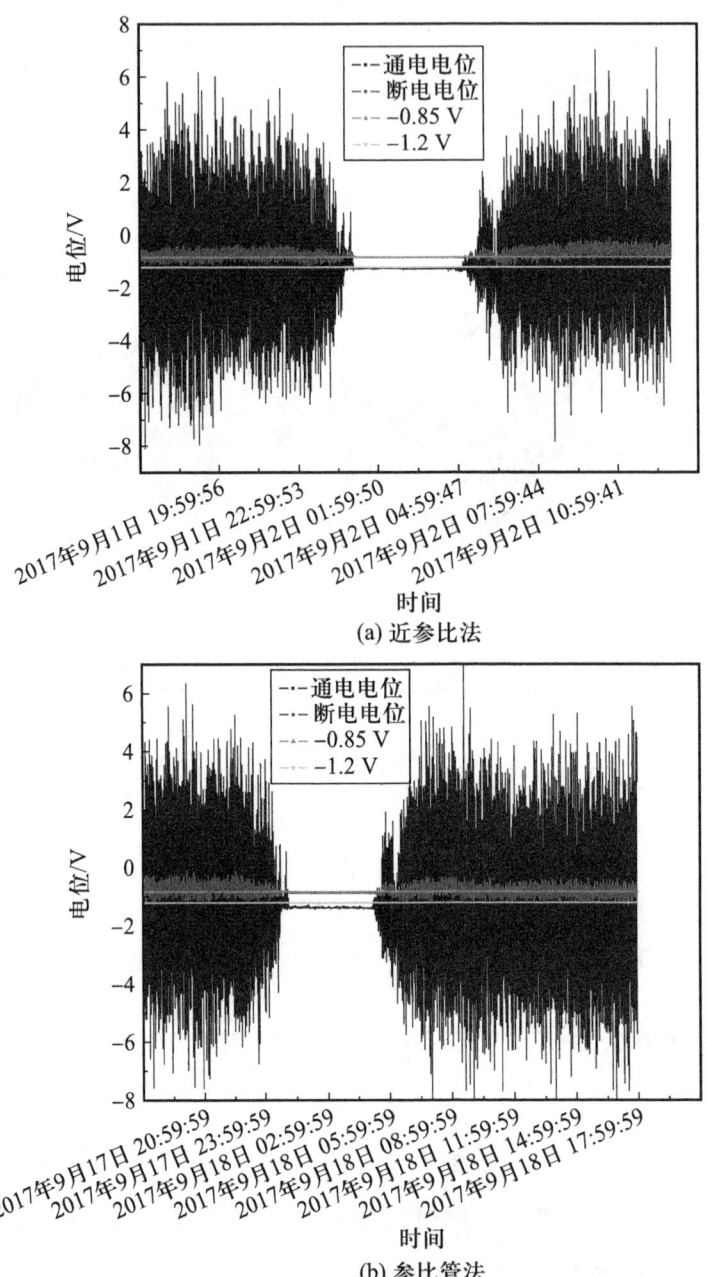

图 2-3-2 近参比和参比管状态下试片断电电位测试结果

四、管道断电电位分布

将 15 个测试点参比管试片断电法测试数据统计结果进行分析：

（1）各测试桩参比管试片断电电位分布范围在 $-1.65 \sim -0.068$ V。

（2）断电电位正偏移最大的测试点位于HF118，该处位于QYL站附近。

（3）断电电位负偏移最大的测试点位于HF213，该处位于15#阀室附近。

（4）平均值低于 −0.85 V 的有 4 处，分别是 HF355、HF404、HF436 和 HF454，其中 HF404 较小，平均值为 −0.72 V。

（5）选取 HF118、HF213、HF355、HF523 特征点可以看出，通电电位幅值与断电电位幅值波动成正比。

五、断电电位连续测试

1. 24 h 断电电位测试

将采用参比管法的 15 个测试点的 24 h 试片断电测试。选取 4 个特征点 HF118、HF213、HF355、HF523 进行结果分析，如图 2-3-3 至图 2-3-6 所示。

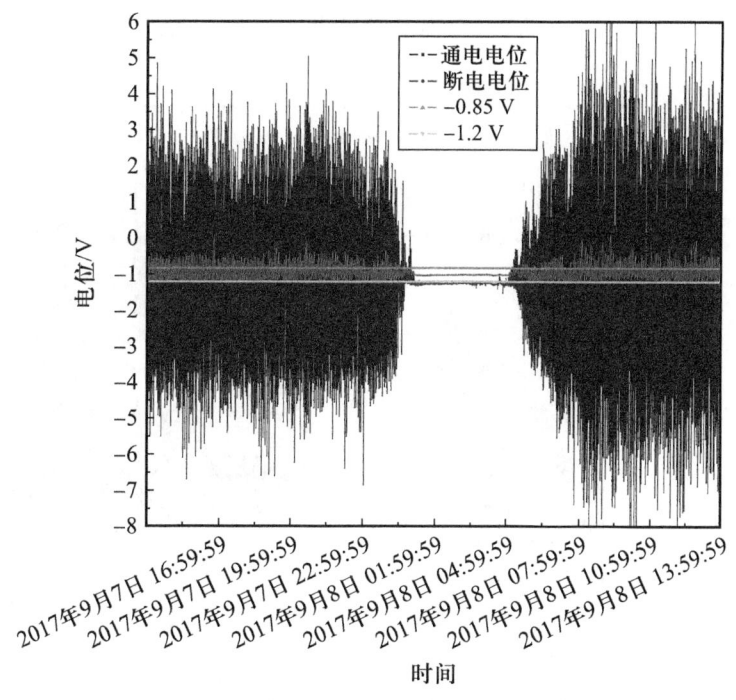

图 2-3-3　HF118 桩排流状态通断电电位图

从测试结果得到，HF213 和 HF523 24 h 监测断电电位数据均位于或者更负于 −1.2～−0.85 V 区间。HF118 和 HF355 断电电位不完全在 −1.2～−0.85 V。

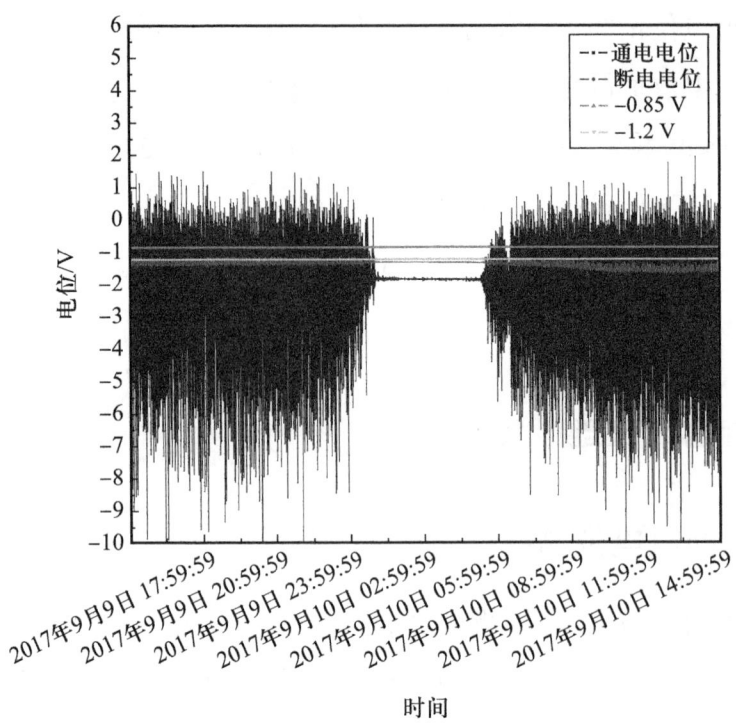

图 2-3-4 HF213 桩排流状态通断电电位图

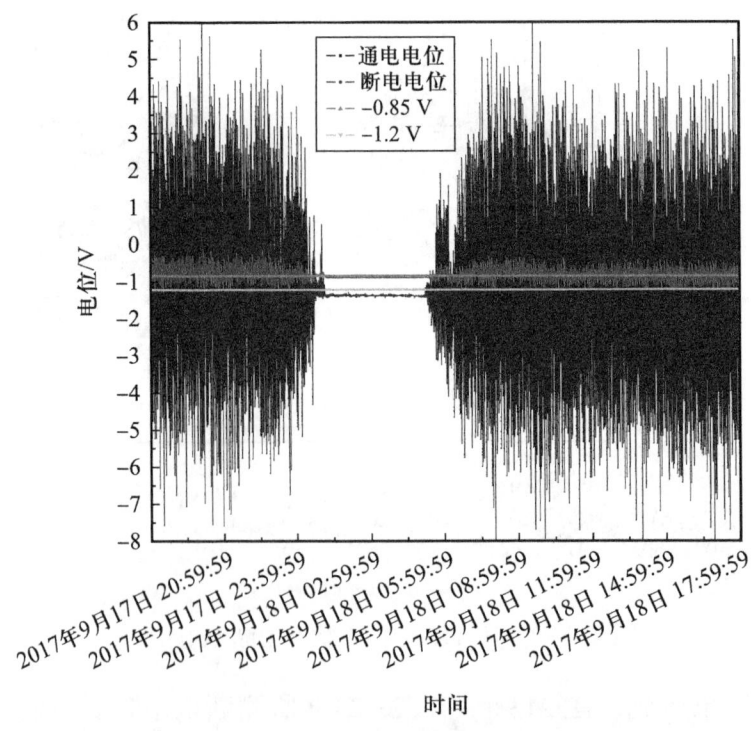

图 2-3-5 HF355 桩排流状态通断电电位图

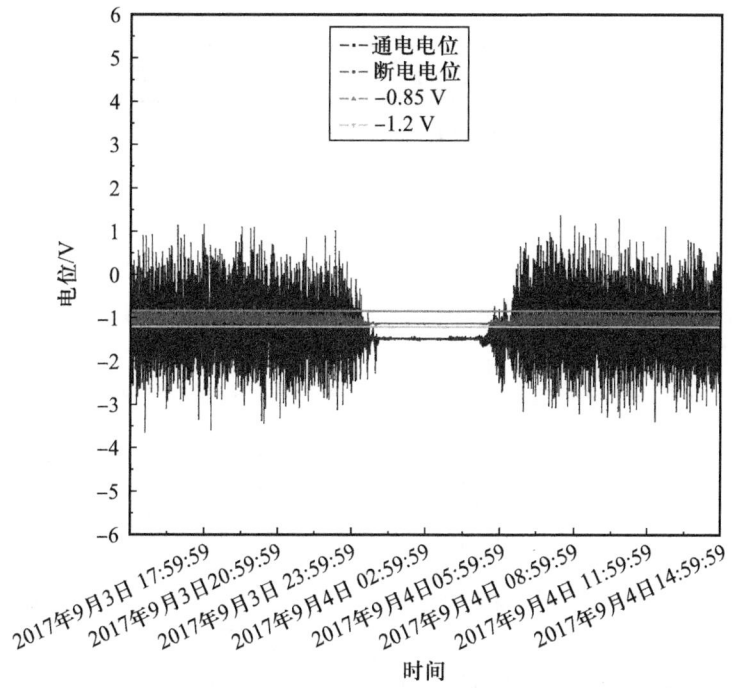

图 2-3-6　HF523 桩排流状态通断电电位图

四个测试点检查片的阴极极化效果与通电电位测试结果正相关。即通电电位正负幅值越大，极化效果越差。通电电位正负幅值越小，极化效果越好。

2. 评价及分析

对上述 15 个测试点 24 h 断电电位根据 -0.85 V 准则进行评价及统计，得到表 2-3-8。

表 2-3-8　24 h 测试下排流状态下的阴极保护有效性评价

序号	测试桩编号	负于 -0.85 V 频次比
1	HF118	71.42%
2	HF213	100%
3	HF250	72.67%
4	HF286	71.16%
5	HF307	72.55%
6	HE312	77.5%

续表

序号	测试桩编号	负于 −0.85 V 频次比
7	HF330	83.19%
8	HF355	49.76%
9	HF404	6.53%
10	HF420	63.32%
11	HF436	49.16%
12	HF454	28%
13	HF486	89.01%
14	HF508	96.44%
15	HF523	99.2%

结果表明：在 15 处测试桩的直流断电电位判断，100% 达标的有 1 处，为 HF213；90% 达标的有 2 处，为 HF508 和 HF486；80% 达标的有 2 处；70% 达标的有 5 处，低于 70% 共 5 处，分别为 HF355、HF404、HF420、HF436 及 HF454。

根据 AS 2832.1—2015 的规定，选定的 15 个直流动态干扰测试点评价见表 2-3-9。

结果表明：在 15 处测试桩的直流断电电位判断，阴极保护有效性评价为达标的有 3 处，其中 HF523 和 HF508 测试点靠近地铁 11 号线和 1 号线；评价为不达标的有 12 处。

为分析及对比有干扰状况和无干扰状况下断电电位的数据，完善评价过程，在有干扰和无干扰情况各选择 1 h 测试数据进行提取、分析及评价。选取 15 个测试点 23:00—0:00 有干扰时段和 2:00—3:00 无干扰时段进行分析，如图 2-3-7 所示。

对上述 15 个测试点 23:00—0:00 和 2:00—3:00 时间段断电电位根据 −0.85 V 准则进行评价及统计，得到表 2-3-10。

表 2-3-9 排流状态下的阴极保护有效性评价

测试桩编号	地铁不运行时的基准值	正于 −0.85 V 频次比	正于 −0.80 V 频次比	正于 −0.75 V 频次比	正于 0 V 频次比	干扰程度
HF118	−1.03	22.358%	23.09%	17.64%	0.035%	不达标
HF213	−1.3	0%	0%	0%	0%	达标
HF250	−1	27.32%	21.47%	16.72%	0	不达标
HF286	−1.04	22.384%	20.75%	14.21%	0	不达标
HF307	−1	27.45%	12.3.36%	11.45%	0	不达标
HE312	−1.13	22.5%	14.826%	2.3.194 4%	0	不达标
HF330	−1.03	16.81%	11.25%	6.22%	0	不达标
HF355	−0.88	50.24%	42.5%	35.315%	0	不达标
HF404	−0.77	93.47%	83.39%	50.19%	0	不达标
HF420	−1.13	36.68%	22.3.21%	19.29%	0	不达标
HF436	−0.91	50.84%	41.88%	33.04%	0	不达标
HF454	−0.85	72%	52.67%	39.94%	0	不达标
HF486	−1.12	10.99%	5.44%	2.06%	0	不达标
HF508	−1.13	3.56%	1%	0.17%	0	达标
HF523	−1.13	0.8%	0.13%	0.017%	0	达标

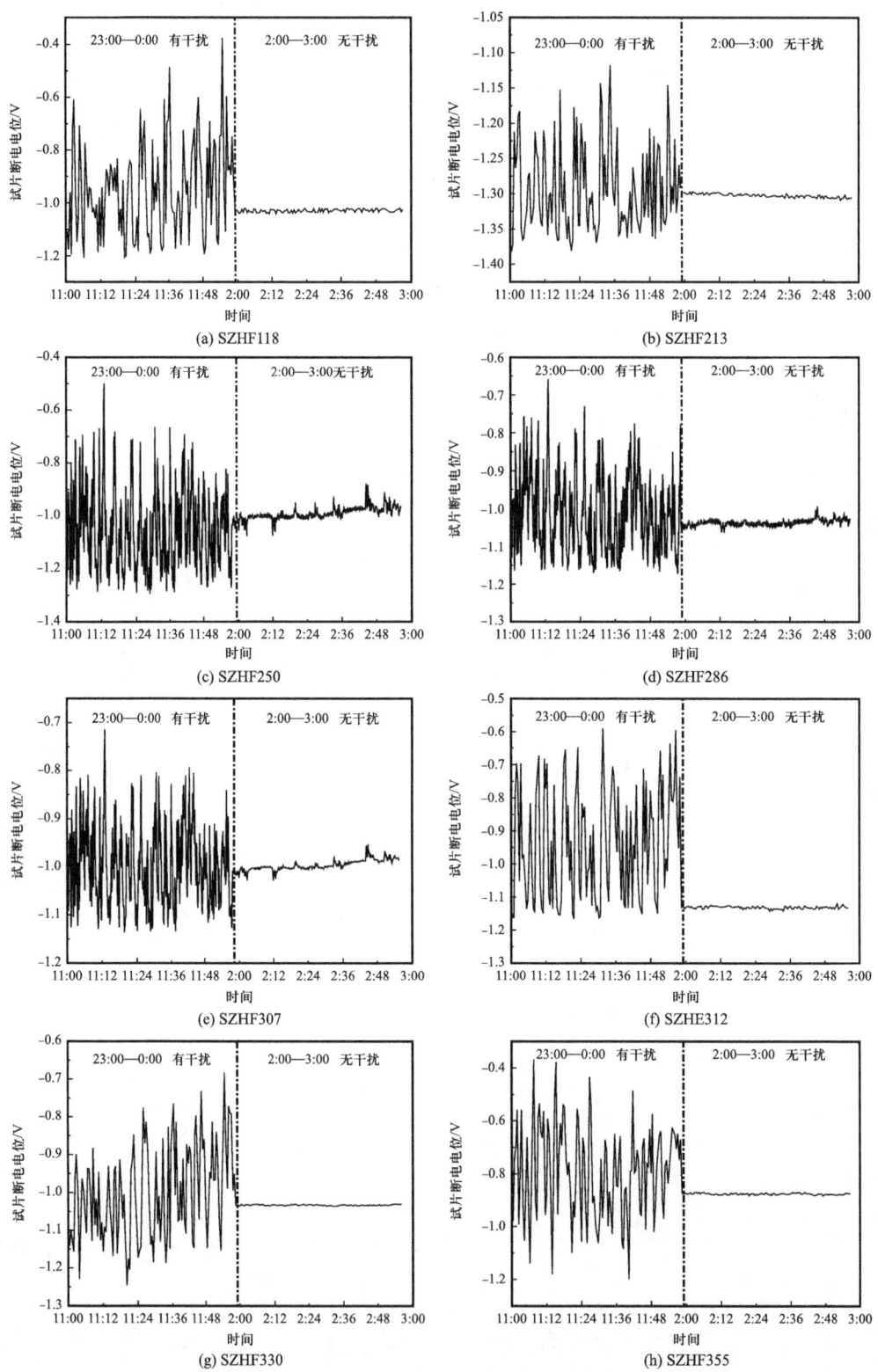

图 2-3-7　23：00—0：00 和 2：00—3：00 时间段断电片测试结果图

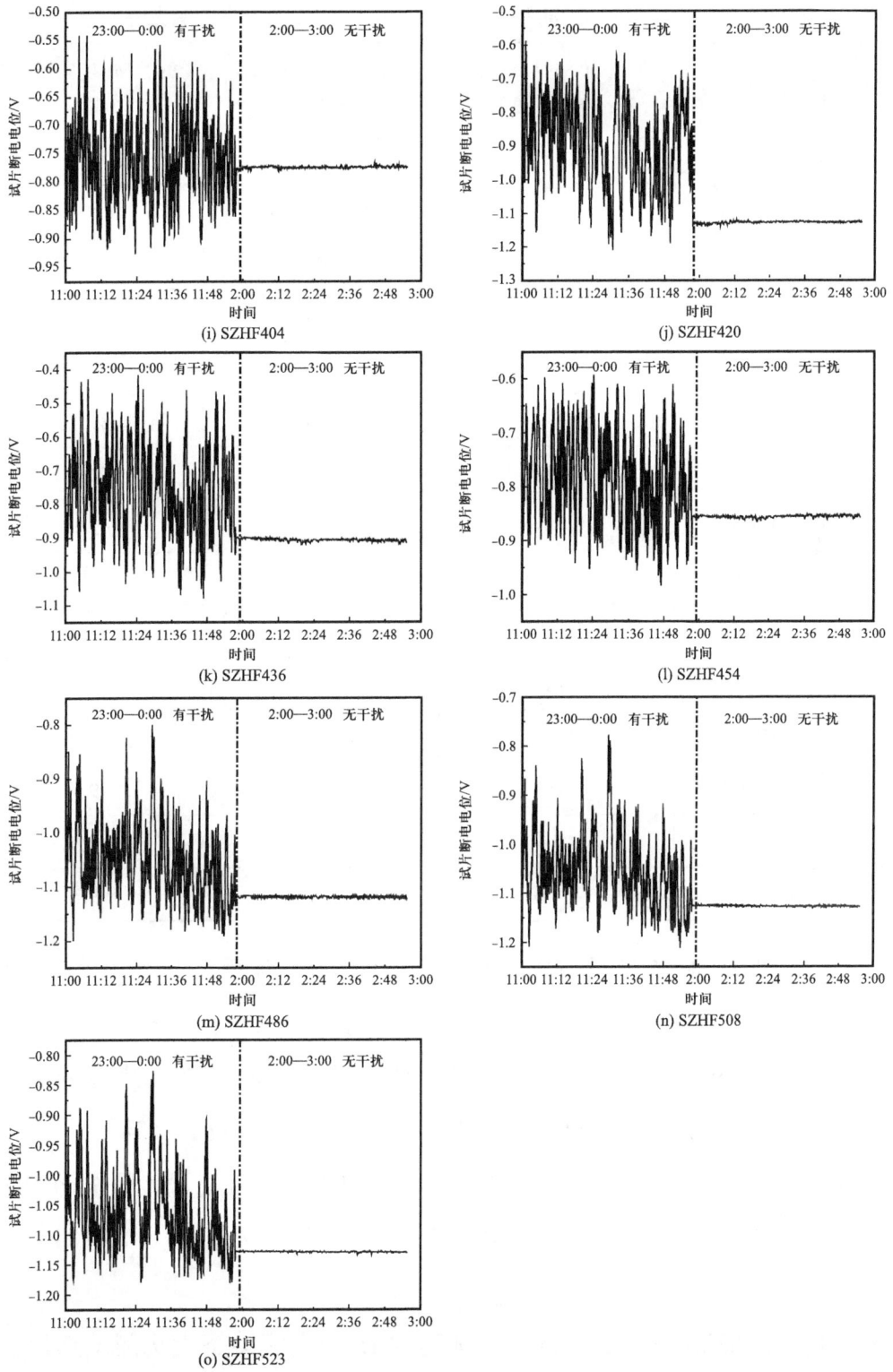

图 2-3-7 23:00—0:00 和 2:00—3:00 时间段断电片测试结果图（续）

表 2-3-10　23：00—0：00 和 2：00—3：00 时间段阴极保护有效性评价

序号	测试桩编号	负于 -0.85 V 频次比（23：00—0：00）/%	负于 -0.85 V 频次比（2：00—3：00）/%	负于 -0.85 V 频次比（两个时段）/%
1	HF118	74.17	100	86.78
2	HF213	100	100	100
3	HF250	82.3.78	100	94.42
4	HF286	92.22	100	96.03
5	HF307	94.3	100	97.16
6	HE312	65	100	82.23
7	HF330	85.83	100	92.98
8	HF355	40	100	69.96
9	HF404	14.3	0	7.14
10	HF420	52.3.61	100	79.2
11	HF436	30.42	100	65.26
12	HF454	27.22	100	63.66
13	HF486	99.03	100	99.51
14	HF508	92.3.19	100	99.1
15	HF523	99.45	100	99.72

结果表明：在15处测试桩的直流断电电位判断，两个时段综合评价，100%达标的有1处（HF213），99%达标的有3处（HF486、HF508和HF523），90%~99%达标的有4处，80%达标的有2处，70%达标的有1处（HF420），低于70%的共4处（HF355、HF404、HF436及HF454）。

四个测试点均处于QDX的中部管段。23：00—0：00时段，频次比次序基本与综合评价相同，但是频次比不同；2：00—3：00时段，确定HF404"未达标"，其余均负于 -0.85 V。

根据 AS 2832.1—2015 的规定，选定的15个直流动态干扰测试点评价见表 2-3-11。

表 2-3-11　23：00—0：00 时间段的阴极保护有效性评价

测试桩编号	地铁不运行时的基准值	正于 −0.85 V 频次比	正于 −0.80 V 频次比	正于 −0.75 V 频次比	正于 0 V 频次比	干扰程度
HF118	−1.03	25.83%	20.83%	15%	0%	不达标
HF213	−1.3	0%	0%	0%	0%	达标
HF250	−1	11.22%	7.48%	4.29%	0%	不达标
HF286	−1.04	7.78%	2.64%	0.97%	0%	不达标
HF307	−1	5.69%	0.83%	0.28%	0%	不达标
HE312	−1.13	35%	26.67%	15%	0%	不达标
HF330	−1.03	14.17%	6.67%	1.67%	0%	不达标
HF355	−0.88	60%	53.33%	43.33%	0%	不达标
HF404	−0.77	85.69%	64.03%	46.53%	0%	不达标
HF420	−1.13	41.67%	22.3.89%	16.67%	0%	不达标
HF436	−0.91	65.26%	57.08%	47.08%	0%	不达标
HF454	−0.85	72.78%	55.69%	35.83%	0%	不达标
HF486	−1.12	0.97%	0.1%	0%	0%	达标
HF508	−1.13	1.8%	0.69%	0%	0%	达标
HF523	−1.13	0.55%	0%	0%	0%	达标

结果表明：

（1）在 23：00—0：00 和 2：00—3：00 时间段直流断电电位综合判断，阴极保护有效性评价为达标的有 6 处，评价为不达标的有 9 处。

（2）23：00—0：00 时间段直流断电电位评判，阴极保护有效性评价为达标的有 3 处，评价为不达标的有 12 处。

（3）2：00—3：00 时间段只能判断 HF404 为不达标测试点。

选取 23：00—0：00 和 2：00—3：00 两个典型的时间段，对试片的断电电位进行统计。选取 HF355、HF404、HF436 和 HF454 测试点阴保效果差的测试点,将其与同为不达标但较其他测试点距离近的 HF118 进行对比,将 24 h 断电电位测试结果,2 h 一个时段,分为 12 个时间段。根据 −0.85 V 准则进行评价及统计,统计结果为负于 −0.85 V 的频次比,见表 2-3-12。

表 2-3-12　24 h 断电电位分时评价与统计表

测试桩编号	7:30—9:30	9:30—1:30	11:30—13:30	13:30—15:30	15:30—17:30	17:30—19:30	19:30—21:30	21:30—23:30	23:30—1:30	1:30—3:30	3:30—5:30	5:30—7:30
HF118	64.6%	63.8%	61.7%	65.8%	65.4%	62.5%	54.2%	66.7%	72.3.8%	100%	99.9%	75.4%
HF355	25.4%	42.3.8%	44.6%	49.2%	45.4%	30.8%	24.2%	30.8%	47.5%	100%	92.38%	51.7%
HF404	3.6%	4.4%	4.1%	20.8%	14.3%	5.9%	6.1%	11%	6%	0%	0%	1.8%
HF436	17.7%	46.6%	51.9%	52.3.4%	52.5%	21.6%	16.8%	22.6%	52.3.1%	100%	100%	43.8%
HF454	9.6%	21.4%	23.6%	22.3.5%	19.9%	11.3%	17.4%	21.9%	51.8%	99.9%	5.5%	25.3%

结果表明:对于不达标的测试点,7:30—9:30 负于 −0.85 V 的频次比均较低,7:30—9:30 为早高峰时段,说明早高峰的地铁运行频繁,直流干扰对管道阴极保护有效性产生负面影响。17:30—19:30 负于 −0.85 V 的频次较邻近时段低,但部分测试点频次比较低时段延长到 19:30—21:30,经调查,17:30—19:30 为晚高峰时段,说明晚高峰时段不仅出现在 17:30—19:30 时段,甚至出现在 19:30—21:30。1:30—5:30 负于 −0.85 V 呈现两极分化趋势,即全部满足 −0.85 V 或全部不满足 −0.85 V,这与该时段为地铁停运无干扰的状况相一致。与 HF118 对比,在 7:30—9:30 和 17:30—21:30 时段,HF118 频次比明显比其他点要高,对比结果能清晰的反映阴极保护有效性程度。

因此,若对早 7:30—9:30 时段和晚 17:30—21:30 时段进行测试,并采用 −0.85 V 评判准则进行评价其频次比,可作为确定阴极保护有效性的一种方法。

采用排流和去掉耦合器断开状态下对测试结果进行对比,以参比管法为例,如图 2-3-8 所示。

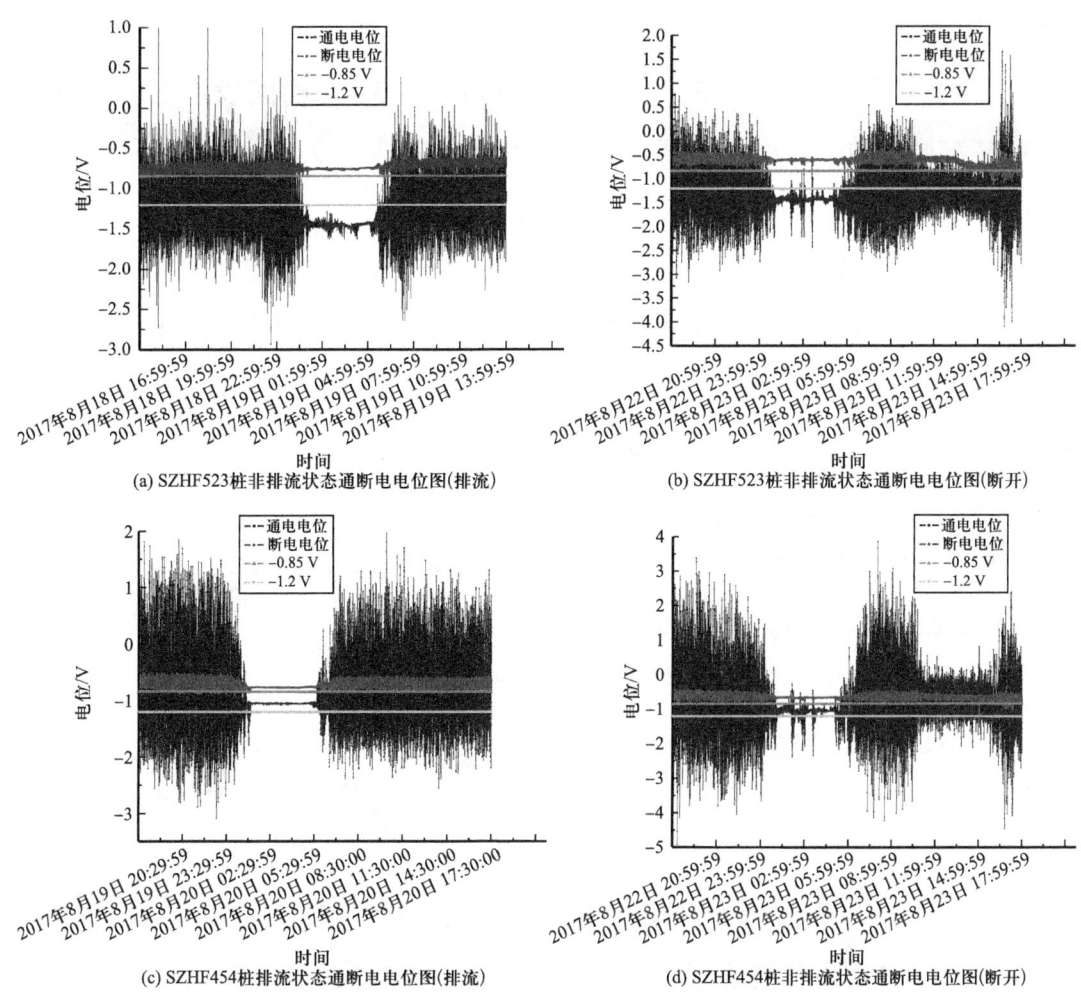

图 2-3-8 排流和断开状态下试片断电电位测试结果图

可以看出：排流状态下断电电位更加稳定，尤其是在凌晨 0：40—5：30 无直流动态干扰下的时间段更加明显。

断开排流之后，不管是通电电位还是断电电位，其电位波动均会存在一定的上下波动，甚至在凌晨 0：40—5：30 无直流动态干扰下，通电电位上下波动较为明显。从上午的时间监测结果来看，断电电位均有一定的上下波动。

选择排流状态下对测试点进断电电位连续测试，方法更可行，结果更清晰。

3. 结果对比

（1）24 h 以及选取 23：00—0：00 和 2：00—3：00 时间段断电电位进行

评价，两者之间的相同之处在于 15 个测试点阴极保护有效性的频次次序是完全一致的，不同点在于 23：00—0：00 和 2：00—3：00 时间段断电电位负于 -0.85 V 准则的数据频次比要高于 24 h 断电电位数据频次。单独进行干扰时段评价，评价结果更接近 24 h 综合评价结果。

（2）根据评价准则澳大利亚标准 AS 2832.1—2004 的规定，24 h 断电电位评价准则，阴极保护有效性评价为达标的为 3 处，其余为未达标。而选取 23：00—0：00 和 2：00—3：00 时间段阴极保护有效性评价的有 6 处，其余为未达标。从统计结果来看，两者阴极保护有效性的频次次序基本相同，不同之处在于频次比的高低程度。

（3）与 24 h 通电电位测试结果相对比，选取 HF118、HF213、HF355 和 HF523 特征数据，分析得到，通电电位上下幅值越小，直流动态干扰程度越低，断电电位的频次比越高，阴保有效性越好。

（4）从上述对比结果可知，如果要进行阴极保护有效性评价，采用 1 h 干扰及无干扰时段测试结果进行评价应相应的提高其频次比的权重，进而去采取定性评价结果更加科学。

（5）在采用 -0.85 V 准则和采用澳大利亚标准 AS 2832.1—2015 规定方面，-0.85 V 准则虽然能确定测试点的阴极保护有效性的程度次序，但是澳大利亚的标准更容易定性，统计评价更为清晰，更容易接受。

（6）采用 24 h 通电电位测试结果分析确定典型测试点是可行的，可作为选取测试点进行断电电位测试和进行阴极保护有效性评价的一个依据。

（7）对于通电电位上下波动较大的测试点，可对测试点早 7：30—9：30 时段和晚 17：30—21：30 时段进行测试，并采用 -0.85 V 评判准则进行评价其频次比，可作为确定阴极保护有效性的一种方法。

六、直流电流连续测试

对 14 个测试点进行 24 h 直流电流测试，将 24 h 直流通断电位与直流电流进行对比，结果如图 2-3-9 所示。结果表明：

（1）直流电流的变化规律基本与动态干扰下直流电位测试结果及规律基本一致。

（2）直流杂散电流与直流电位影响成比例关系，直流杂散电流会对试片以及管道的腐蚀产生一定的影响。

（3）经统计，管道流入试片的电流时间均超过50%，最高达到82.77%。

（4）上述结果，正好验证了试验结果，直流杂散电流流入管道，对试片可以一定程度上改变其极化电位。但是经统计结果也表明，直流电流的流入流出虽然对断电电位起着一定影响，可一定程度反映阴极保护有效性状况，但并不能完全反应阴极保护有效性的好坏，可作为判断阴极保护有效性的一个重要参考。

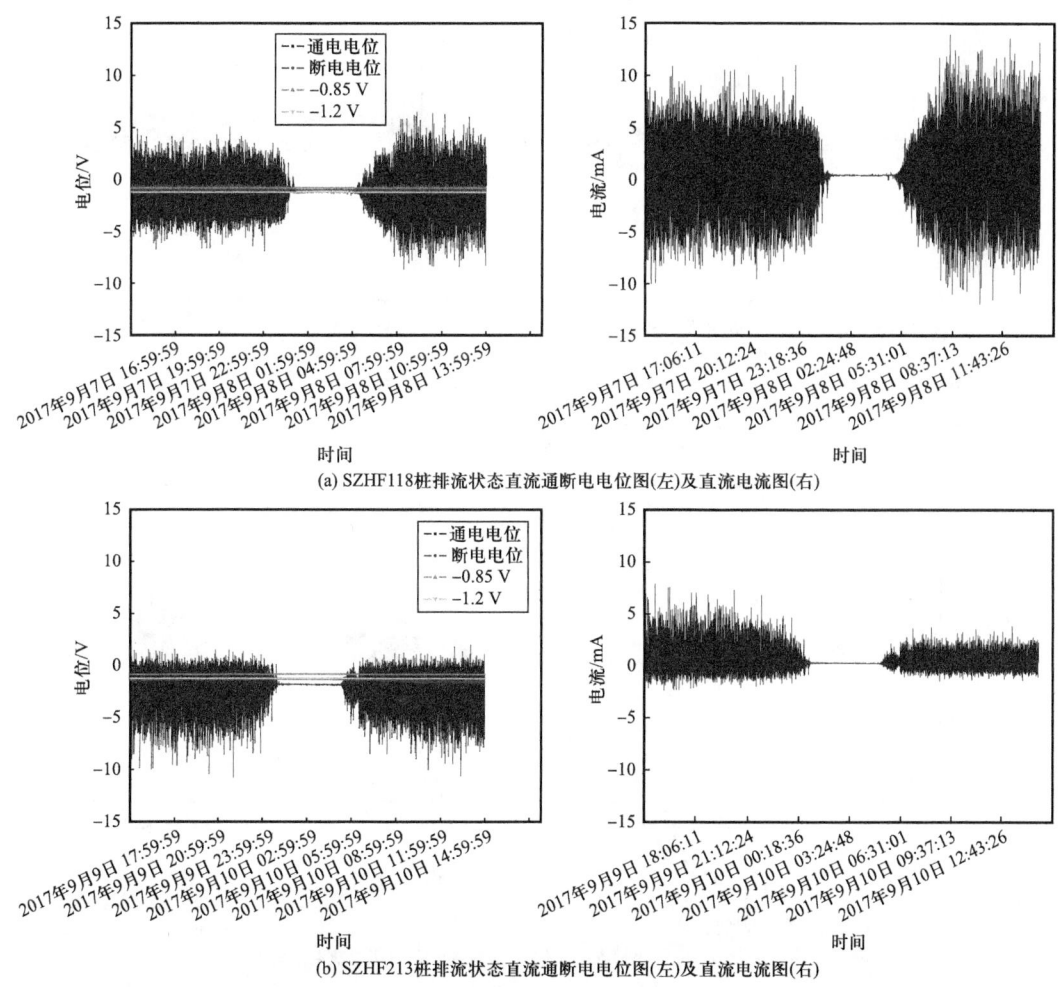

图 2-3-9　排流状态下直流电流 24 h 测试结果与直流通断电位对比图

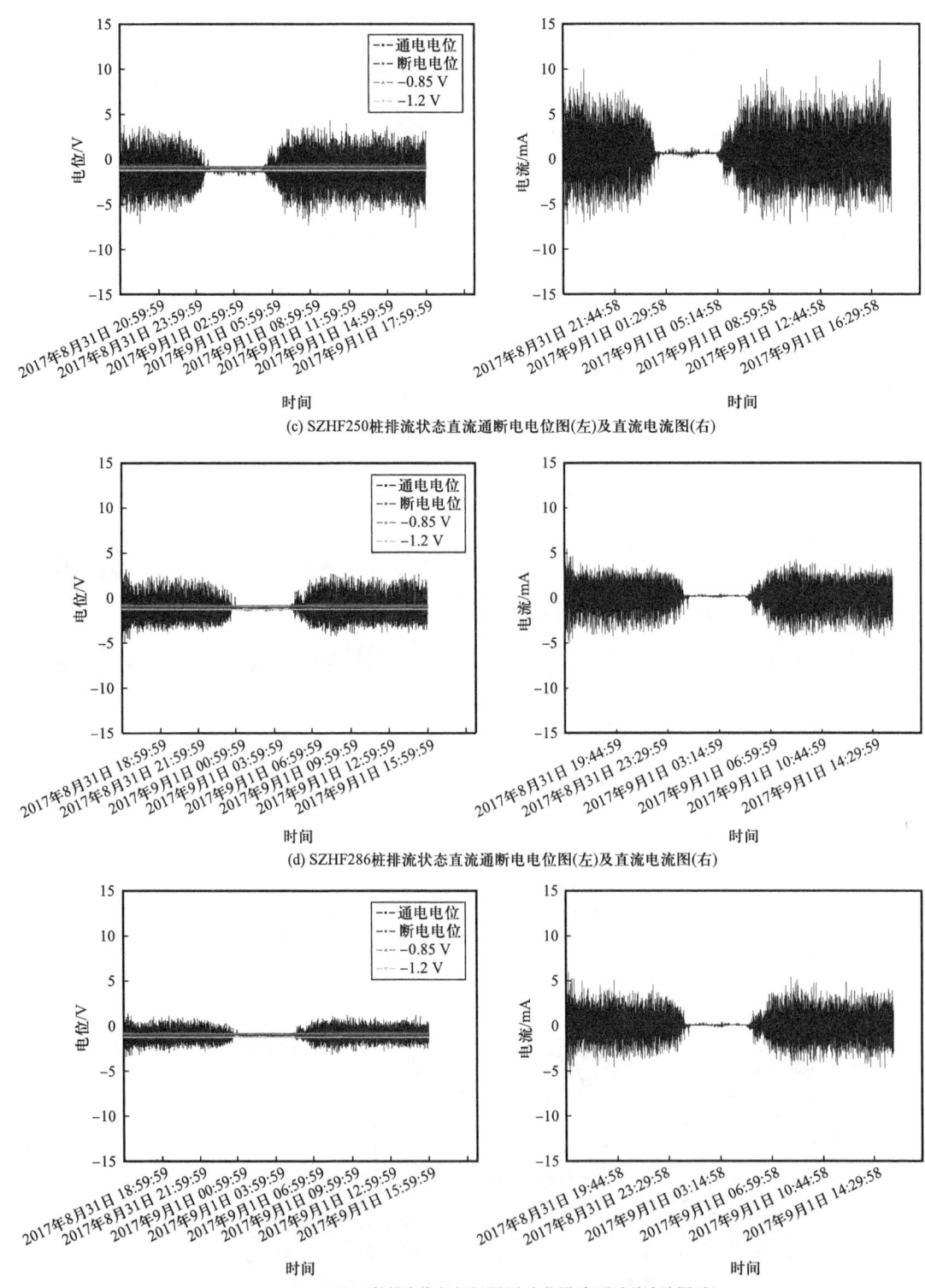

图 2-3-9 排流状态下直流电流 24 h 测试结果与直流通断电位对比图（续）

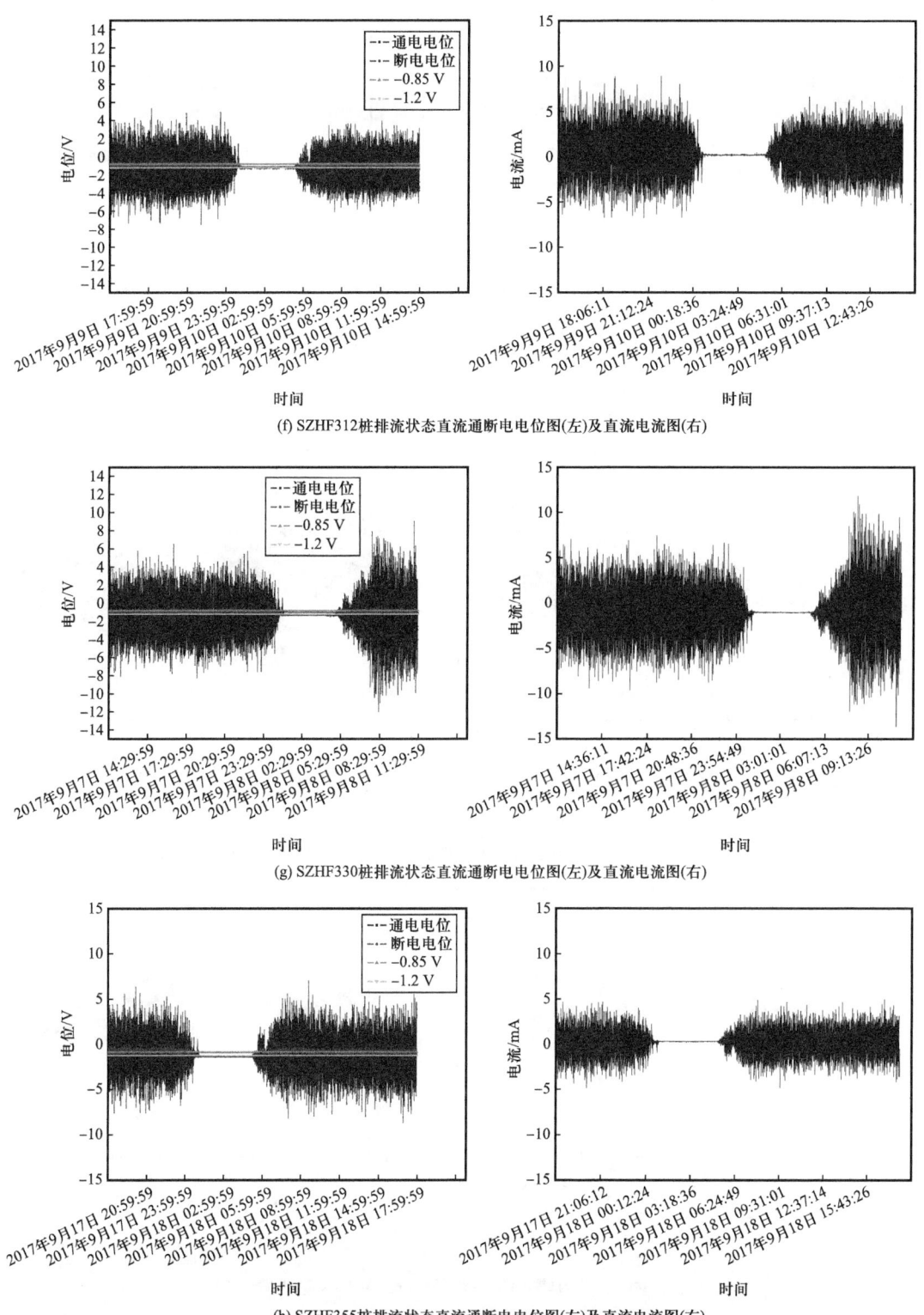

(f) SZHF312桩排流状态直流通断电位图(左)及直流电流图(右)

(g) SZHF330桩排流状态直流通断电位图(左)及直流电流图(右)

(h) SZHF355桩排流状态直流通断电位图(左)及直流电流图(右)

图 2-3-9　排流状态下直流电流 24 h 测试结果与直流通断电位对比图（续）

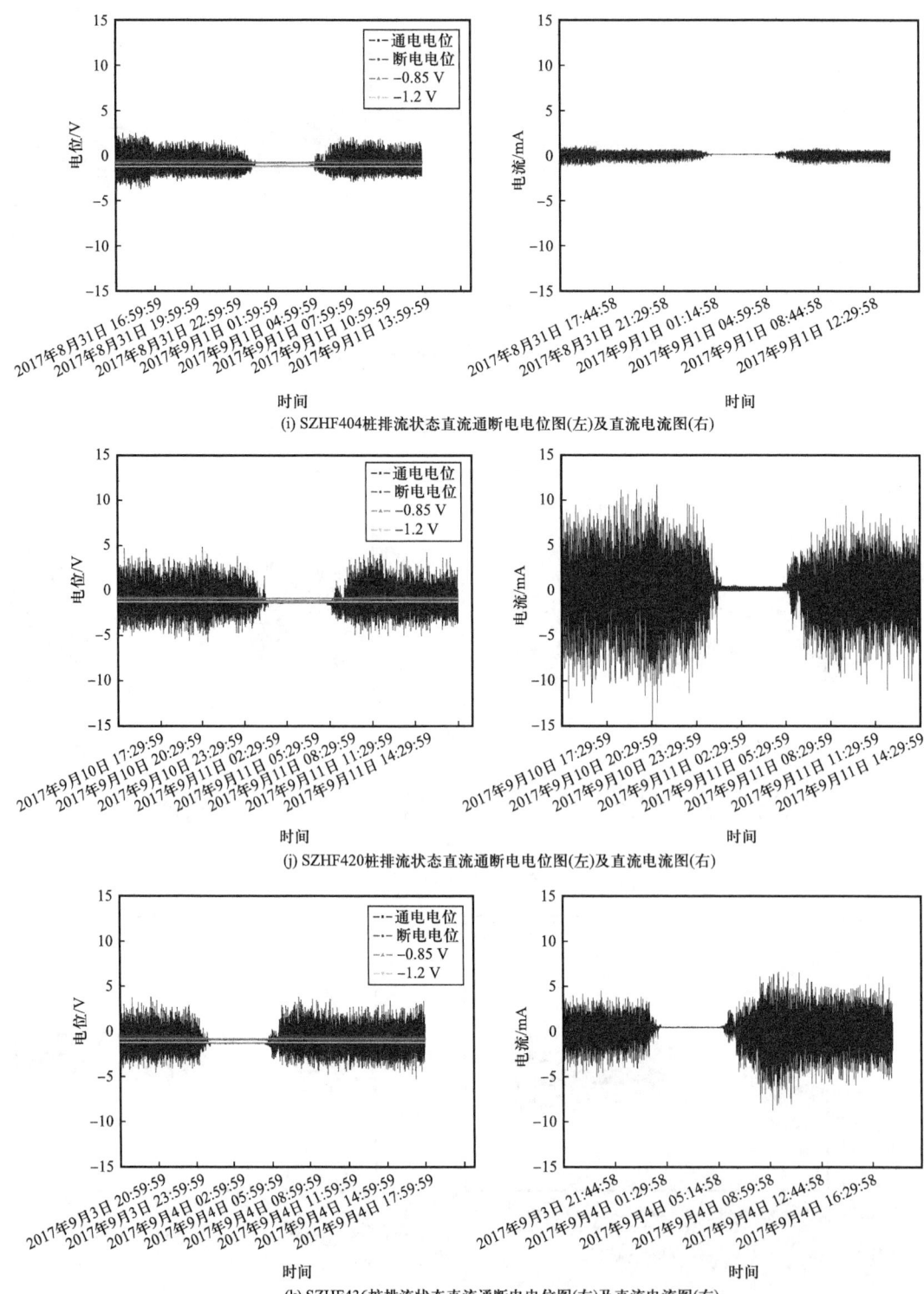

图 2-3-9 排流状态下直流电流 24 h 测试结果与直流通断电位对比图（续）

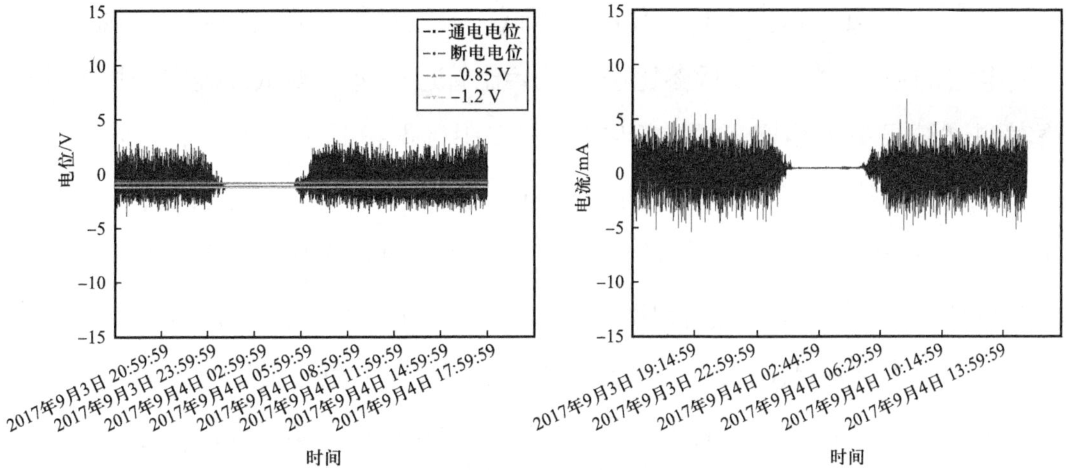

(l) SZHF454桩排流状态直流通断电电位图(左)及直流电流图(右)

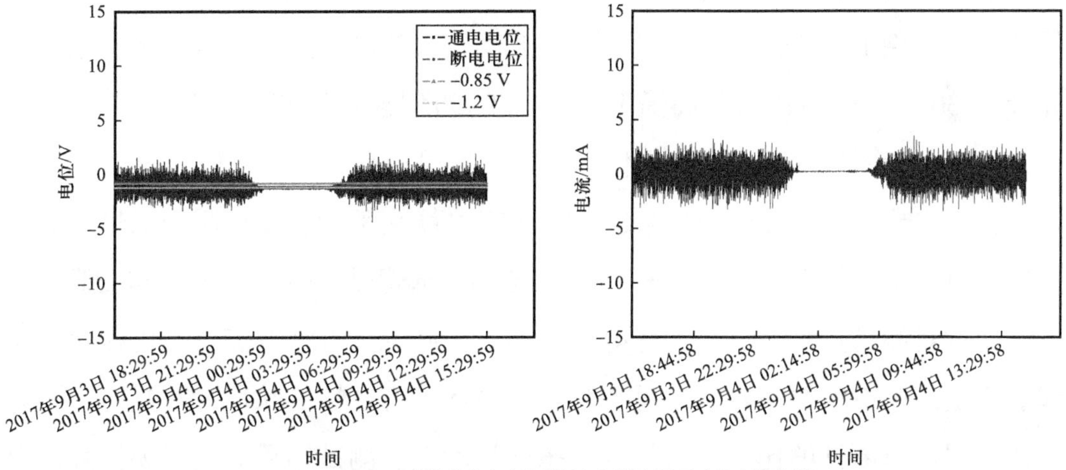

(m) SZHF486桩排流状态直流通断电电位图(左)及直流电流图(右)

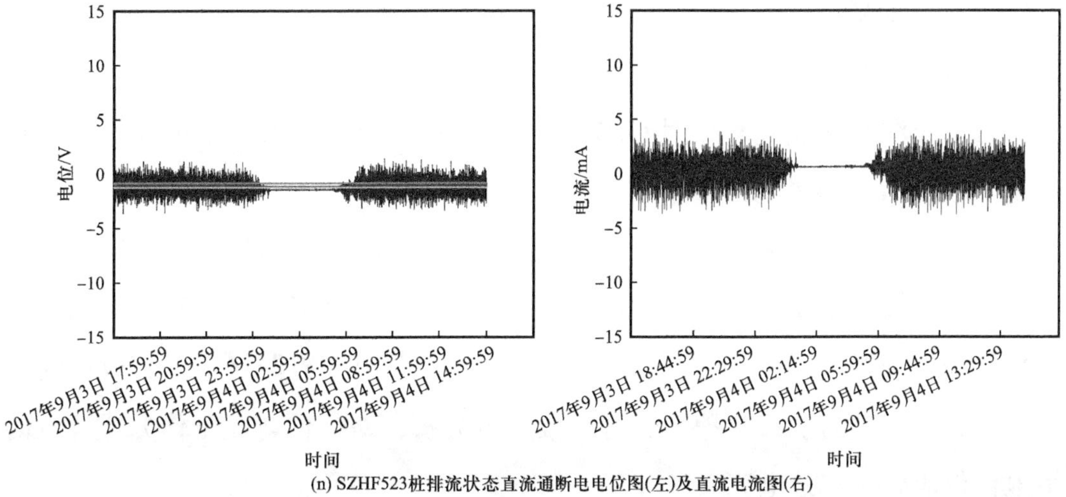

(n) SZHF523桩排流状态直流通断电电位图(左)及直流电流图(右)

图 2-3-9　排流状态下直流电流 24 h 测试结果与直流通断电位对比图（续）

选取了 14 处测试点进行极化电位测试。通过对测试方法的对比，确定了试片断电法的适用性。采取近参比法以及参比管道法进行测试，确定采用参比管法对测试结果更加稳定。对 15# 和 19# 阀室阴极保护站进行监测，确定了阴极保护站运行正常，可对管道进行阴极保护。在进行 24 h 后，选取 23:00—0:00 和 2:00—3:00 时间段进行阴极保护有效性比对时，采用 1 h 干扰和无干扰时段进行评价应相应的提高其频次比的权重，进而去采取定性评价结果更加科学。采用澳大利亚 AS 2832.1—2015 的标准进行评价更容易定性，统计评价更为清晰，更容易接受。从通电电位的上下波动幅值可判断其断电电位是否满足阴极保护有效性的一个选择，可作为选择最佳测试点进行阴极保护有效性测量的一个评判依据。根据通电电位上下波动较大的测试点，可对测试点地铁早高峰 7:30—9:30 时段和晚高峰 17:30—21:30 时段进行测试，并采用 −0.85 V 评判准则进行评价其频次比，可作为确定阴极保护有效性的一种方法。

在 19# 阀室附近，关注的与 1 号线和 11 号线交叉的测试点阴极保护有效性达标，阴极保护有效性较差的管段为 QDX 的中部管段 HF312 到 HF454 之间。

通过对测试点流入流出试片电流的测试，确定了直流电流对管道极化电位起着一定的影响，并一定程度反映管段阴极保护有效性的状况。在是否对固态去耦合器进行断开的比对中，排流状态试片断电法测试结果更能反映试片断电电位的真实情况。

提出建议如下：

（1）应注意在建 6 号线对 QDX 的动态干扰影响，以及规划的 4 号线延长线及 10 号线对管道的动态直流干扰作用。

（2）与地铁系统保持联系，注意保持对地铁供电系统的维护。

（3）建议对 QDX 管道现有排流设施进行改造，可将部分去耦合器调整为极性排流器或混合排流器（极性加电容排流），全部排流器接地极宜改造为锌接地极，并定期对阴极保护站运行参数进行分析，对于恒电流工作方式运行的恒电位仪应确保有效电流输出。

（4）2017 年 QDX15# 和 19# 阀室阴保站的良好运行确保了全线的阴极保护

处于较好的状态。2018年QDX19#阀室阴保站未起到阴极保护作用，应调整19#阀室阴极站阴极保护参数，抑制测试电位正向偏移。

七、固态去耦合器对管道阴极保护有效的影响

2017年9月对HF436、HF454、HF486、HF508和HF523测试段进行固态去耦合器非排流状态和排流状态通断电位测试。结果表明：两种状态相比，非排流状态下通电电位波动范围和频次基本上要大于排流状态下的通电电位波动范围和频次。以HF454为例进行分析，如图2-3-10和图2-3-11所示，在非排流状态下，通电电位范围在-4～3 V，排流状态下通电电位范围在-7～5 V，HF454非排流状态下通电电位要高于排流状态下的通电电位范围。

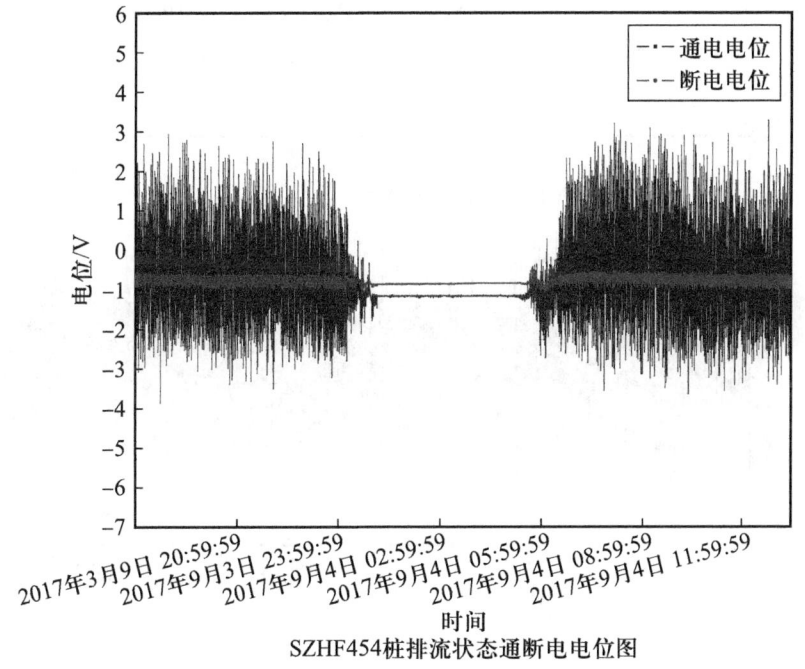

SZHF454桩排流状态通断电位图

图2-3-10　排流状态下通断电位测试

2018年1月，为了确定固态去耦合器对管道阴极保护有效性的影响，选取测试桩HE319进行直流通断电位检测。由于测试桩HE319距离固态去耦合器HE319、HE320、HE333和HE334较近，对上述四个固态去耦合器进行闭合和断开，测试排流和非排流状态下通断电位，测试结果如图2-3-12和图2-3-13所示。

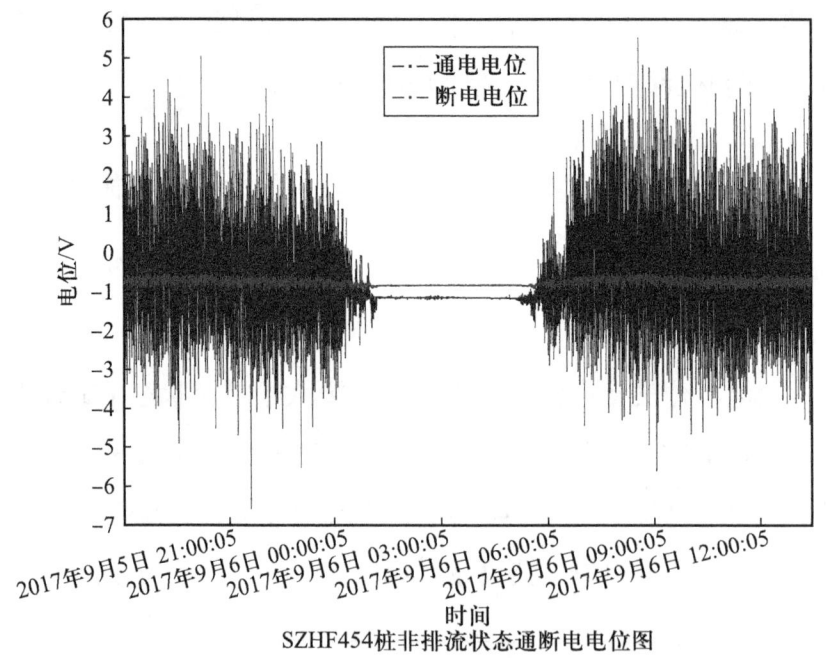

图 2-3-11　非排流状态下通断电位测试

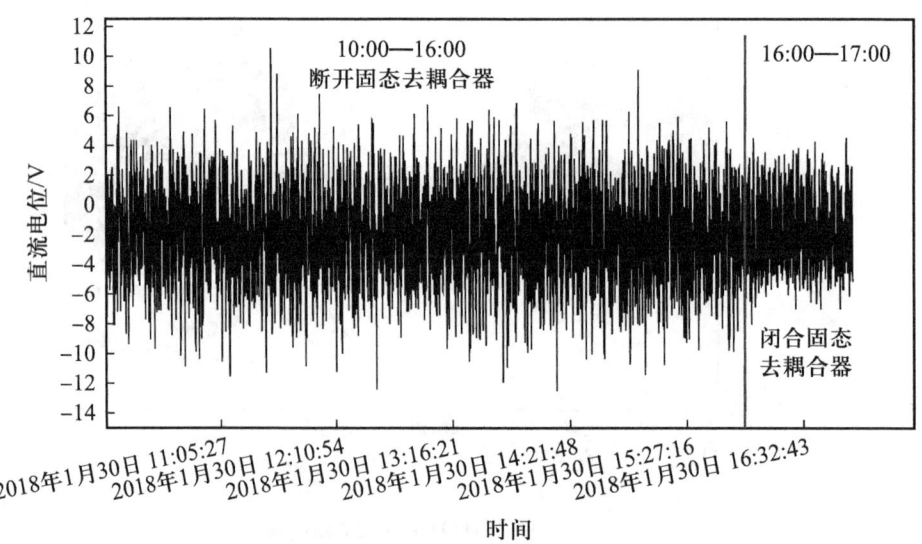

图 2-3-12　HF319 通电电位测试

非排流状态下断开固态去耦合器直流通电电位测试 9：00—16：00 直流通电电位范围在 $-12\sim10$ V，排流状态下闭合固态去耦合器直流通电电位 16：00—17：00 直流通电电位范围在 $-8\sim5$ V。

非排流状态下断开固态去耦合器直流通电电位测试 9：00—16：00 直流

断电电位范围在 −1.2~0.6 V，排流状态下闭合固态去耦合器直流通电电位 16：00—17：00 直流断电电位范围 −1.2~−0.2 V。

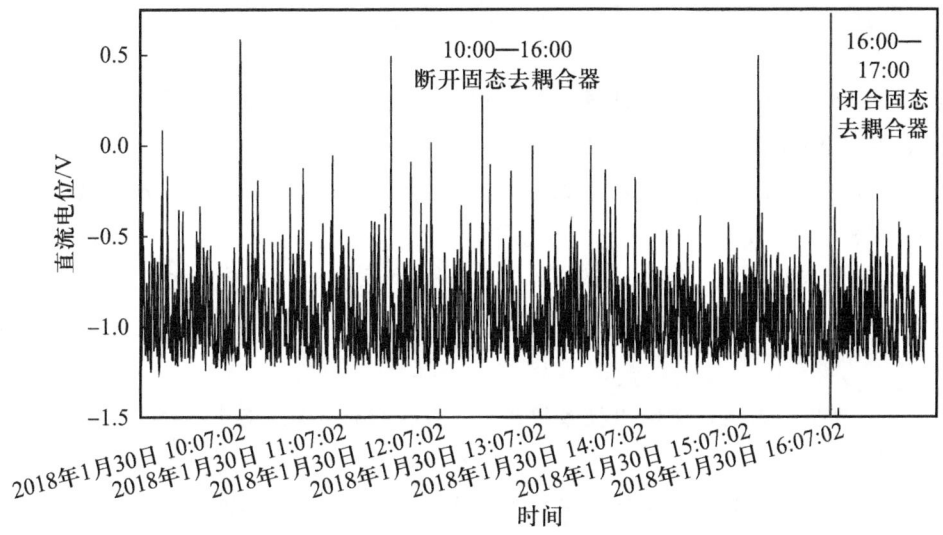

图 2-3-13　HF319 断电电位测试

由上可知，在排流状态下，通断电位波动范围要小于排流状态下的波动范围。

根据 2016 年《固态去耦合器检测与评价案例报告》，由图 2-3-14 管段排流和干扰状态下的保护电位可以看出，排流状态下保护电位波动范围要高于干扰状态下的保护电位。

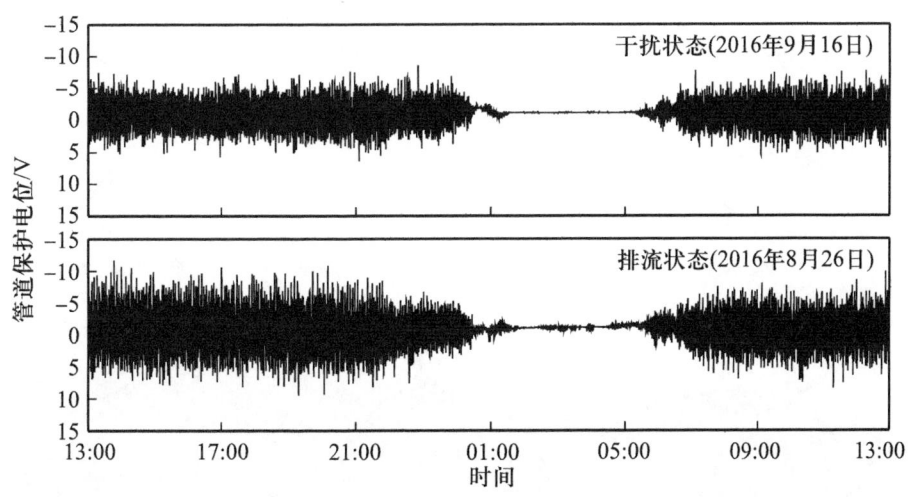

图 2-3-14　两种状态下测试点 K13+0 m 保护电位—时间对比曲线

与 2018 年 1 月数据对比可知，两者数据不存在一致性。因此，固态去耦合器对阴极保护电位不存在规律性。

参 考 文 献

[1] 张良，刘畅，佘思维，等. 油气田集输管道阴极保护系统综合测试评价 [J]. 石油规划设计，2016，27（6）：10-12.

[2] 刘翔. 油气管道阴极保护技术现状与发展趋势研究 [J]. 中国石油和化工标准与质量，2018，38（9）：183-184.

[3] 石仁委，龙媛媛. 油气管道防腐蚀工程 [M]. 北京：中国石化出版社，2008.

[4] 王涛. 阴极保护在石化行业中的应用 [J]. 全面腐蚀控制，2021，35（4）：18-19，89.

[5] 王楠. 苏里格气田集输管网阴极保护系统有效性评价研究 [D]. 西安：西安石油大学，2017.

[6] 刘乐乐. 埋地保温管道外腐蚀检测与监测系统研究 [D]. 西安：西安石油大学，2021.

[7] 陈奔. 直流电车杂散电流对管道腐蚀行为干扰机理及防护研究 [D]. 成都：西南石油大学，2020.

[8] 伍欣. 基于检查片检测的川气东送管道阴极保护有效性评价 [D]. 成都：西南石油大学，2015.

[9] 陈利琼，李卫杰，孙磊. 油气管道阴极保护效果评估技术研究 [J]. 全面腐蚀控制，2013，27（9）：41-45.

[10] 谢明. 塔里木油气管道辅助阳极及长效参比电极有效性评价研究 [D]. 成都：西南石油大学，2015.

第三章 管道外部杂散电流干扰与治理

随着现代工业的快速发展，长距离输气管道分布已极为广泛，构成了庞大而复杂的天然气输送网络。然而，快速工业化的同时，管道的安全运行也面临着外部杂散电流干扰的严峻挑战。杂散电流的产生途径广泛，如电力线路、直流输电工程、轨道交通系统等。这些设施设备在运行过程中对外部产生一系列的干扰，使得电流进入管道等金属构筑物上，从而引发诸多危害。它会导致管道金属发生电化学腐蚀，使管道壁厚减薄，降低管道的承压能力，严重时甚至引发管道穿孔泄漏。不仅造成能源浪费，还可能引发火灾、爆炸等重大安全事故，对周边环境和人员生命财产构成严重威胁。本章将系统概述管道外部杂散电流干扰源及其危害，分析交流与直流杂散电流输电线路干扰机理，以西气东输管线为案例，开展管线动态干扰测试与治理案例分析。

第一节 杂散电流干扰

一、杂散电流干扰概述

在金属和电解质界面之间的杂散电流流动会对金属和电解质产生不同的影响。对于金属结构物来说，杂散电流流出的区域极有可能发生腐蚀破坏。当电流从金属流出到电解质（如土壤）时，金属结构物通过氧化反应会将电子电流转化为离子电流，即发生金属的腐蚀反应：$M \longrightarrow M^{n+}+ne^-$（对于钢质材料而言，$Fe \longrightarrow Fe^{2+}+2e^-$）。当金属结构物施加阴极保护后，如果杂散电流和阴极保护电流的叠加效果较好时，则杂散电流流出结构物时不会引起腐蚀破坏。然而，当杂散电流从电解质流入结构物时，会使介质中的氧化态离子在界面处得到电子被还原，结构物上流入电流的位置会接受额外的电流。额外电流的产生可能会导致防腐层的阴极剥离降低防护效果；高强钢的金属结构物产生氢脆，增加断裂风险。

为评估管道受杂散电流干扰腐蚀的程度，通常需要在管道沿线定期开展杂散电流干扰源调研，进行杂散电流干扰监测，并对管道防腐层和管体腐蚀情况进行直接检查和评估[1]。

二、交流和直流干扰源

管道受到的杂散电流干扰主要有以下八个方面。

1. 交流输电线路干扰

交流输电线路对埋地金属管道产生的杂散电流干扰主要包括电感耦合型和电阻耦合型，这两种方式在交流输电线路正常运行状态和故障状态下有明显的区别[2]。

1）电力线路正常状态下的干扰

在电力线路正常负荷运行状态下，对金属管道的干扰主要有电容耦合和电感耦合，其中电感耦合为主要的干扰方式。由于三相电力线路会存在不对称性，导致三相线和管道之间的距离不完全相等，使输电线路上的交变电流会在和电力线路平行或者相交的管道上产生感应电压。并且，三相输电系统中的零序电流并不是总为零的，存在3次、6次、9次谐波分量，这也会在管道上产生感应电压，从而引起杂散电流干扰[3]。

2）电力线路故障状态下的干扰

线路在发生瞬时故障时，会产生较大的短路电流。这些短路电流不止会存在在相线上，还可能沿杆塔、意外搭接物等结构流进大地，从而，使流入大地的电流在管道上面产生电阻耦合干扰。由于相电位的瞬间不平衡，管道上方的短路点和并行段的两端都会产生非常高的瞬时感应电压。电力线路因为短路而瞬间产生的总干扰电压比稳态干扰时产生的电压有效值高得多，干扰电压在短路点附近是最高的，并且干扰电压随着与短路点的距离增大而降低。

2. 直流输电工程干扰

目前，国内外研究普遍认为，高压直流输电系统对管道的直流干扰风险主要是由单极大地运行时大电流入地引起的。流入管道的杂散电流能沿管道壁面传递较长的距离，并且在电流流出的位置会对管道产生严重的危害。

3. 直流轨道交通系统的干扰

通常情况下，地铁的牵引机是由电力驱动的，而供电系统采用直流电力驱动。地铁、轨道以及接触网形成了一个导电路径，将牵引电流引导回变电所。然而，由于钢轨与地面之间存在电阻，这个电阻并非无穷大。因此电流通过铁轨泄漏至大地形成杂散电流，电流强度与轨道电阻相关。当杂散电流通过附近埋设的管线、电缆及其他金属构件时，会导致其受到电化学腐蚀。

如果管道长时间受到杂散电流的影响，可能导致穿孔等严重问题。当杂散电流超过一定程度时，会产生对地电压，严重时可能对人身安全构成威胁，并影响周围环境。

4. 交流电气化铁路系统的干扰

架空接触网供电是电气化铁路通常采用的供电方式，该接触网通常能够提供 25 kV 或更高电压的交流电。电力机车利用受电弓从接触网获取电力，随后通过钢轨和回流导线将牵引电流送回牵引变电所。但当管道与接触网近距离平行或斜交时，接触网内流动的交流电会在导线周围形成交变磁场，以致管道在该磁场的作用下产生感应干扰电压和电流。同时，部分牵引电流会从钢轨泄漏至大地，并通过邻近的管道返回牵引变电所，从而对管道造成阻性干扰。

5. 地磁场及磁暴引起的地磁干扰

地磁场由地球内部的恒定磁场和地球外部的变动磁场组成。地球内部的稳定磁场产生的地磁感应电流非常微弱，影响较小。而地球外部的变动磁场，如太阳活动引发的磁暴，会产生幅度较大的地磁感应电流，会对不同类型的长距离导电体造成明显影响。国外（特别是高维度国家，如加拿大、芬兰等）对地磁感应电流干扰管道的现象开展了长期的观测、理论研究与预测，研究表明，在地磁场发生强烈扰动（磁暴）时，感应电场的强度可能达到每千米几伏至几十伏。

6. 潮汐干扰

随着潮水涨落，海峡地带或海湾地带在地磁场作用下会产生地电场，并在大地中产生可能干扰管道电位的杂散电流。因此，埋设在海岸线附近或者距离海岸线较近的管道都可能会受到潮汐干扰，受干扰的管道的电位随着时间缓慢且周期性地发生正向或负向偏移。与其他形式的杂散电流干扰不同，潮汐干扰的受干扰管道各段电位波动趋势一致，杂散电流不存在固定流入和流出的位置。

7. 电焊、电解、电镀等直流用电装置的干扰

电焊、电解、电镀等直流用电装置在工作过程中，也会产生在大地中流动的干扰电流。这些电流会沿附近的管道流回到电焊机、电解槽、电镀作业的电源端，会在流出管道的位置产生杂散电流腐蚀。

8. 其他管道阴极保护电流的干扰

外加电流阴极保护系统也是一种常见的杂散电流干扰来源。当被保护管道与外接保护系统的阳极接触时候，目标管道的阴极保护系统运行可能出现一定程度的扰动，并在局部管段发生保护电位偏移的情况。

三、交流和直流干扰的危害分析

近年来,埋地管道受到交流杂散电流干扰问题的普遍性增加,对管道系统带来了越来越严重的干扰和危害[4]。随着能源、交通运输等行业的不断发展,越来越多的大型工程及交通运输网建成并投入使用,伴随着的是杂散电流的干扰问题在各行业间越来越普遍。国内外相关领域的工作者开展了大量的研究、调研工作,逐渐明确了杂散电流干扰影响的危害及后果。

1. 交流干扰的危害

管道受到交流电流干扰可能会引发三个主要问题:

(1)腐蚀风险:交流电流干扰可能导致金属管道表面腐蚀。

(2)安全风险:过大的交流电流干扰可能导致对地电压产生,对人身安全构成威胁,并可能损坏阴极保护设备及管道的附属设施,特别是在接地设施不足或不合格的情况下。

(3)管道性能影响:交流电流干扰可能引起管道电位的变化,这会对管道的性能产生不利影响,特别是在需要保持管道的特定电位范围时。

2. 直流轨道交通系统直流干扰的危害

城市轨道交通的供电方式多采用直流电,其泄漏的杂散电流是管道直流干扰的主要来源之一。

(1)电化学腐蚀加剧。

受直流轨道交通系统杂散电流的干扰影响,管道会发生电化学腐蚀。随着地铁使用的时间越长,从钢制轨道泄漏到周围土壤里的杂散电流的量也会随之增加,管道腐蚀加速的可能性随之增加。

(2)管地电位剧烈波动。

地铁直流杂散电流具有动态特征,导致管地电位发生剧烈波动,给常规的阴极保护测试与有效性评估带来很大困扰。地铁直流杂散电流还会干扰阴极保护系统的正常运行(例如,阴极保护电源无法以恒电位模式正常输出,牺牲阳极加速消耗而提前失效）导致管道得不到有效保护。

（3）国内外案例分析。

我国城市轨道交通的加速建设将对城市内各类埋地油、气、水、热等管网的安全运行造成持续的愈加严重的干扰影响。北京、上海、广州和深圳等多个城市的多条埋地管道上都检测到了地铁杂散电流的干扰，大大增加了管道的腐蚀风险。以深圳为例，深圳地铁对其沿线的埋地油气管道干扰电压高达数十伏，引起了高度关注。这些高干扰电压的形成与当地表层土壤电阻率低而下部电阻率高的结构密切相关。2018年，深圳某公司在成品油管道的开挖验证过程中发现地铁杂散电流已造成一处缺陷的管壁腐蚀深度接近50%，并立即通过换管对该腐蚀缺陷进行了修复，而这条管道仅投运了大约8年，远低于30年的设计使用寿命。

国外管道也同样存在着地铁杂散电流引起的腐蚀问题。美国、加拿大、英国、俄罗斯、欧盟、日本、韩国和澳大利亚等国家或组织均开展了地铁杂散电流干扰问题的系统研究，涉及从杂散电流检测、干扰评价到防护措施等环节。我国的城市轨道交通网和埋地管网远比国际大多数城市复杂，所以相比较起来埋地管网受到的动态直流杂散电流干扰也比国际上其他城市要更加严重。

此外，地铁杂散电流也会引起其他埋地金属结构物（如化工产品输送管道、输水管道、给水管道、热力管道、通信电缆、铁路路轨本身、地铁盾构等）的腐蚀。因此，地方政府、地铁方及管道企业都应该共同关注如何降低地铁杂散电流，从而达到良好的风险管控和隐患治理的要求。

3. 高压直流输电接地极直流干扰危害

管道的高压直流干扰问题在国际上早有报道。例如，在加拿大、美国和巴西等地均发现了直流输电工程建成后，管道受到高压直流故障电流影响的相关案例。2014年，美国腐蚀工程师协会（National Association of Corrosion Engineers，NACE）发布了一份有关高压直流干扰的技术报告NACE 05114，指出高压直流输电系统的接地极单极运行模式，不仅会对埋地油气管道的安全运行造成干扰，也会对其他埋地金属结构物造成电干扰。

高压直流系统对管道的直流干扰风险主要是由接地极单极运行时大电流入地引起。路民旭教授团队通过大量的现场测试和研究表明，高压直流干扰会对管道造成如下影响：一是由接地极输出电流的阳极放电，会造成管地电位的负向偏移，易导致防腐层发生阴极剥离且管道的氢脆风险增加；二是由接地极吸收电流的阴极放电，造成管地电位的正向偏移，导致管壁腐蚀减薄甚至穿孔；三是无论阳极放电还是阴极放电，过高的管地电位偏移导致设备损伤和人员安全风险增加[1]。可见，高压直流系统对管道造成的直流干扰将给安全生产埋下隐患。

近年来，由于油气管网和高压直流输电网都发展迅速，两者之间不可避免地出现了由于距离较近而相互影响的情况，这使我国高压直流输电系统对埋地长输管道及站内设备运行的电干扰问题日益严重。至今，在广东、云南、贵州、江苏、浙江、新疆、四川、内蒙古和宁夏等地均陆续发现了高压直流接地极对附近管道造成电干扰的现象，有些地区干扰电压甚至可以达到 300 V，利用腐蚀监测试片在现场测得的等效均匀腐蚀速率高达 0.5 mm/d。这些高压直流干扰案例的分布地域很广，已成为一种普遍现象。

4. 地磁场、空间电磁波及潮汐干扰的危害

地磁场、空间电磁波及潮汐导致的杂散电流干扰，总体较弱，腐蚀危害相对较小。这类干扰引起的腐蚀后果与干扰源和管道的间距、持续时间及管道原有阴极保护的运行水平相关。如果干扰源的持续作用时间很短，对管道的阴极保护效果产生的影响是有限的，不会造成管道腐蚀；如果持续时间较长或反复出现，就会影响管道阴极保护效果。如问题长期得不到解决则会导致管道发生腐蚀。

5. 电焊、电解、电镀等用电装置干扰的危害

电焊、电解、电镀等直流用电装置产生的杂散电流干扰一般瞬间强度较

大,不仅会导致管道腐蚀,可能还会导致火灾爆炸事故的发生。在输油管道维修时,如果电焊使用被维修油气管道作为搭接地线,就可能因为杂散电流而导致火灾爆炸。在绝缘接头(法兰)位置以及油品装卸时,这类杂散电流也会导致放电火花而引发着火爆炸事故。

第二节 杂散电流干扰机理

一、交流杂散电流输电线路干扰

1. 交流杂散电流干扰机制

由规定之外的交流杂散电流引起的金属构筑物腐蚀被称为交流杂散电流腐蚀[5]。交流输电线路对埋地金属管道形成杂散电流干扰的方式主要有电容耦合型、电阻耦合型及电感耦合型[6-12]。

1)电容耦合型

电容耦合型腐蚀是指具有防腐绝缘层的管道会使高压输电线和埋地管道之间形成电容,进而引起管道腐蚀。

当埋地管道与电力线路平行布置,且处于长期接地状态下,其间的电容耦合干扰会产生显著的影响。然而,若埋地管道处于接地状况良好的条件下,这种干扰就会大大降低,对管道的损害也可忽略不计。对于埋入地下的金属管道,电容耦合型干扰的影响主要取决于以下因素:管道的绝缘性能、管线与电缆并行距离、土壤电阻率。电容耦合型干扰一般出现在管道的绝缘性能良好、管线与电缆并行距离长、且土壤电阻率较高的情况下。

图 3-2-1 是管道建设期间的电容耦合,该结构主要由管道与地面形成的电容以及输电线路与管道形成的电容串联而成。

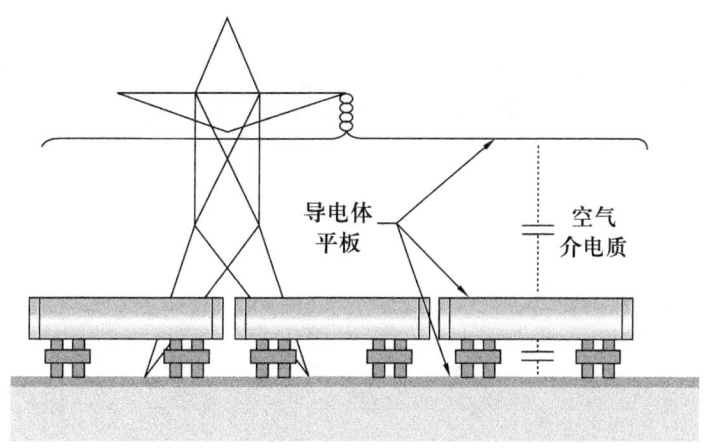

图 3-2-1 管道建设期间的电容耦合

防护措施：

（1）在埋地管道施工过程中，采取临时接地措施来进行防护，接地距离在 300 m 以内。

（2）通过管道的焊接或省略阳极的安装，可以对管道的阴极实施保护，能有效处理埋地管道的接地问题。

2）电阻耦合型

电阻耦合干扰是指高压输电线路的电流流入大地后，产生地电场干扰。这个干扰电流通过地体和管道之间的电阻传递，使管道之间产生电位差。此类干扰比电感耦合干扰的影响更小，通常是瞬时或间歇性的。电阻耦合干扰最需要注意的问题是，在高压输电线发生故障的时候流经接地体的电流高达数千安，导致高压电场在埋地管道的周围形成。管道和管道上的防腐层都可能会因为该电流的泄漏而受损，严重时还会致使管道穿孔严重威胁埋地管道的安全使用。

图 3-2-2 是塔基线路发生故障时的电阻耦合情况，管道与土壤之间存在电阻，传导电流，使管道之间形成电位差。

对于电阻耦合干扰的防护，首先应根据标准设置敷设管道，保证管道与高压电线缆之间的距离符合规范要求。如果无法满足标准来进行距离设定时，应采取以下的防护措施：

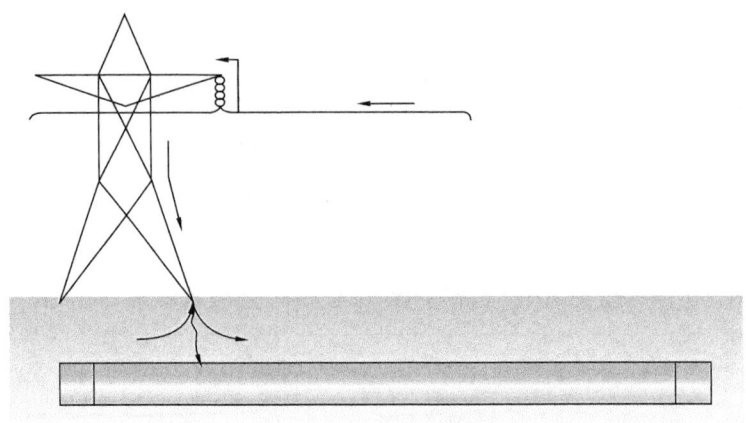

图 3-2-2　塔基线路发生故障时的电阻耦合

（1）通过安装二极管保护器和接地电池等装置来减小较大电流的直接电击而产生的影响，从而减小电阻耦合对管道的干扰。

（2）采用环绕或平行的方式安装由一个及以上的金属电极构成的导体屏蔽栅，从而减小电阻耦合干扰的影响。

（3）通过在管道和接地体之间安装绝缘材料构成的绝缘板来阻隔电流的传导，减小电阻耦合干扰的发生。

（4）对管道系统进行定期的电位和电流监测，以确保电阻耦合干扰得到及时处理和控制。

3）电感耦合型

磁场感应产生的影响就是电感耦合。因为在高压输电线路中存在的短路故障电流或工作电流，从而导致交变磁场感应，输电线路的磁耦合作用会导致周围的金属导体上产生感应电压，进而形成感应电流。这种感应电流的大小主要受到油气管线和输电线路之间的距离以及三相输电导线的空间位置的影响。

实际生产中，由于导线的布置方式与三相输电线缆电流相位特征，电感耦合效应通常较为微弱，对管道的影响相应较小。然而，当某根输电线缆发生接地异常时，会导致该线缆的电流、电压升高，危害人身安全及设备和保护系统的安全。电感耦合作用的特点是长期性。且研究表明，当绝缘防腐层电阻越高，高压交流输电系统和运输管道之间的并行距离越长时，干扰产生的影响越大。随着"公用能源走廊"项目的推进，管道与交流输电线缆的并线距离逐渐延长，电感耦合已经成为造成管道电化学腐蚀的最主要原因。

图 3-2-3 展示了管道和其上方高压交流输电线间的电磁耦合。由于输电线路传输的是交流电流，所以在线路周围的空气及大地中会形成交变磁场。当管线与交流输电线缆距离较近时，电磁感应作用会使输电线缆中的交变磁场会在管道上产生电动势，从而形成电感耦合干扰。

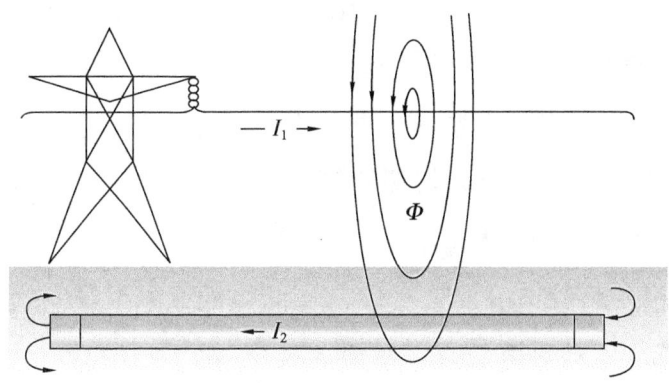

图 3-2-3　管道和其上方高压交流输电线间的电磁耦合

无论交流输电线路正常运行还是在故障状态下运行，均存在交流线路对管道的感应耦合影响。因此，按照感应耦合的时间效应可将交流干扰分为以下三种情况。

（1）持续干扰。

高压线缆中的持续电流会导致管道存在感应电压，一般感应电压的范围在几伏到几百伏。由于这种干扰电压长期存在，该电压会造成管道交流腐蚀的现象。某些使用牺牲阳极法进行保护的管线，可能会因为交流电压过大出现保护电位升高，甚至导致极性发生改变，加快管道腐蚀速率。对于采用阴极保护法的管道，交流干扰会影响电位测试的结果，从而引起恒电位保护设备工作状态异常，甚至导致设备的损坏。

（2）间歇干扰。

部分管道附近存在地铁、铁路等交流电驱动轨道交通，列车的正常运行会产生较大的负载电流,从而引起管道的电化学腐蚀。且该类型干扰引起交流电压受列车位置、自身参数、运行状态影响大,电压变化幅度从几伏到几伏特,并存在尖峰电压。

(3)瞬间干扰。

电力系统故障与遭受雷击使管道附加上电压的干扰方式称为瞬间干扰。该干扰的特征是电压高、持续时间短。由于该类干扰高电压的特性,容易导致管道防腐层的破坏与操作人员的生命财产安全造成损失。

电感耦合干扰的防护对于埋地管道的安全运行来说非常关键。首先,在管道铺设的过程中就应该采取预防措施,尽量将管道远离高压输电线路。其次,需要采取人为的防护措施,这些措施可以分为几个方面:

① 接地床连接:将接地床与埋地管道相连,这种连接可以降低交流干扰电压的大小,有助于减小电感耦合干扰的影响。

② 管道分段:将管道分成若干段,从而降低输电线缆与管线的并行距离,使得管道上的感应电动势更低。

③ 使用恒电位仪:加装恒电位仪,利用恒电位仪的抗干扰能力,提升管线的阴极保护能力,确保阴极保护系统运行正常。

2. 交流电气化铁路导致的干扰

1)干扰机理

由于管线钢的具有较小的电阻率,导电能力良好,当管道中存在杂散电流时,会形成感应电动势,构成腐蚀电池,进而导致管道电化学腐蚀[13]。杂散电流流出的位置称为腐蚀电池阳极,杂散电流流入的位置称为腐蚀电池阴极,在二者位置发生的反应称为阳极反应、阴极反应。阴极反应的形式会受环境的影响发生改变,而阳极反应形式不发生变化。在阳极区,金属失去电子形成氧化物从而导致管道腐蚀的过程称为杂散电流腐蚀。影响交流杂散电流腐蚀速率的因素包括杂散电流强度、管道敷设环境、生物环境、管道材质等[14]。在实际的工程环境中,尤其是当管道周边存在诸如轨道交通等复杂的电气系统时，杂散电流的产生几乎难以避免。市域铁路对临近埋地管道的电磁干扰如图 3-2-4 所示，其流程为：牵引变电所将电流传输给接触线，为机车供电，机车运行时电流经接触线、机车到钢轨形成回路。在这个过程中，接触线与钢轨中的交变电流会激发交变磁场，该磁场向周边扩散，覆盖埋地金属管道区域；同时，由于钢轨与土壤电气连接并非完美，部分电流从钢轨泄漏至土壤，形成泄漏电流并在土壤中扩散。随后，埋地金属管道在交变磁场中会产生感应电动势和感应电流，影响管道阴极保护系统或引发杂散电流腐蚀；土壤中扩散的泄漏电流也会直接作用于管道，干扰其电化学环境，加剧腐蚀风险或影响管道附属设备运行。随着城市轨道交通网络的不断拓展，大量电流在轨道和供电系统中流动，部分电流会因轨道与大地之间的不完美绝缘而泄漏，形成杂散电流。这些杂散电流一旦进入到具有良好导电性能的管线钢中，就会按照上述干扰机理引发一系列问题。

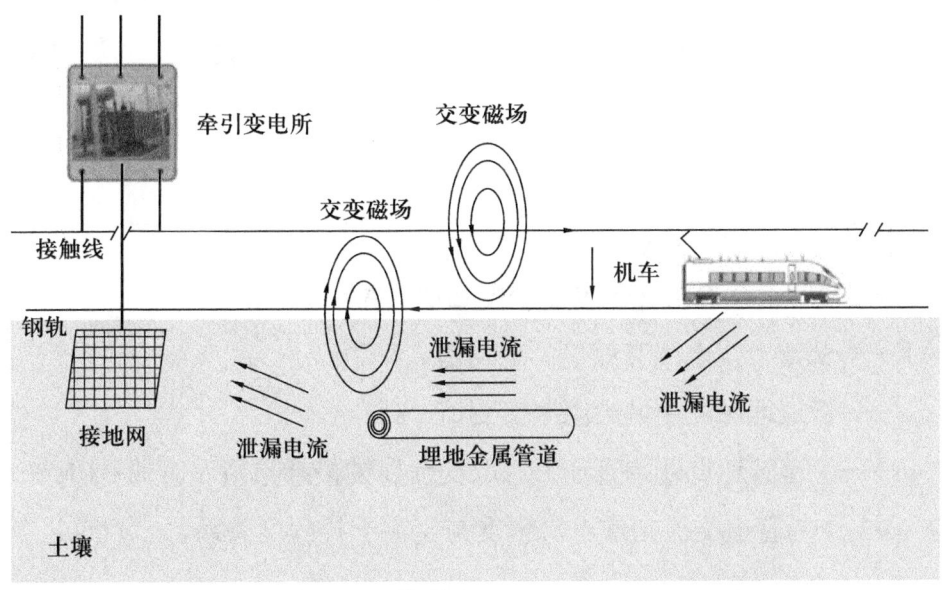

图 3-2-4　市域铁路对临近埋地管道电磁干扰示意图

2）交流干扰规律

目前，造成管道交流杂散电流干扰的形式为阻性与感性耦合干扰[15-17]。根据现有研究，腐蚀速率与交流电流强度呈正相关与交流电频率呈负相关[18]。

3)检测方法

交流杂散电流检测方法主要有[19]:

(1)交流电流密度测试法。

可以通过测量裸露的检查片位置的电流密度实时检测在役管道的交流干扰程度。

(2)感应电流测试法。

用于测试静态干扰与动态干扰的感应电流,在进行测试时,如果具备与管体相连的条件,可以同时测试管中电位。

4)交流干扰程度的判断指标

参考GB/T 50698—2011《埋地钢质管道交流干扰防护技术标准》,选取交流杂散电流的电压达到4 V作为临界阈值,不超过此值,视作管道无须进行交流干扰保护;当管道交流杂散电流的电压超过4 V,则需要通过评估管线上交流杂散电流密度,确定交流干扰的影响程度。交流杂散电流密度计算方式如下:

$$J_{AC} = \frac{8V}{\rho \pi d} \quad (3-2-1)$$

式中 J_{AC}——用于评价的交流电流密度数值,A/m²;

V——交流干扰电压有效值的平均值,V;

ρ——管道埋深处土壤电阻率实测值,Ω·m;

d——管道破坏点处的直径,宜取交流腐蚀最严重情况时的0.011 3 m。

表3-2-1为管道交流杂散电流密度与交流干扰程度关系。

表3-2-1 交流干扰程度的判断指标

交流干扰程度	弱	中	强
交流电流密度(A/m²)	<30	30~100	>100

(1)若干扰程度为"强"或"中",则需要采取保护措施降低交流电流密度;若干扰程度为"弱",则不强制要求采取保护措施降低交流电流密度。

（2）敷设在交流干扰区的管线，应加装检测片，用于测量交流杂散电流密度，对防护效果进行评价。

表 3-2-2 引自 GB/T 21447—2018《钢质管道外腐蚀控制规范》。

表 3-2-2　按电阻率划分土壤腐蚀性等级

指标	弱	中	强
土壤电阻率/（Ω·m）	>50	20～50	<20

二、直流杂散电流输电线路干扰

1. 高压直流输电接地极直流干扰

1）干扰机理

高压直流输电是一种高电压、大功率、远距离的输电技术，因具有线路造价低、传输功耗小和运行稳定性高等优点[20]，在长距离电能传输过程中得到了广泛的应用。有一些高压直流输电通过接地极输入电流，利用大地作为导线，通过大地回路对埋地的金属管道产生干扰。当高压直流输电使用单极大地回路的方式进行运行时，线路中的电流可高达数千安培，能瞬时引起管道的高强度扰动；当高压直流输电使用双极不对称的方式进行运行时，线路中的电流为两极电流之间的差值；当使用双极对称的方式进行运行时，线路中的不平衡电流较小，是额定电流的 1%～7%[21]。高压直流输电干扰会对人员、管道等其他相关设备产生一定的危害。对于管道来说，管道吸收电流的位置会发生相关的氧化还原反应，使管道表面的涂层掉落或增加高强度钢的氢脆风险[22]。对人员安全来说，当电位超过标准限定的电位时容易发生触电危险。对管道和阀室里的设备来说，当接地处和未接地处的电压差太大的时候会引起打火或者烧蚀。曹国飞通过检测西二线埋地管道在高压直流输电接地极运行时的电位特征，结果表明：1200A 的电流接入大地会导致周围管道的对地电位达到 100 V，极大威胁了操作人员的生命财产安全[23]。

2）干扰规律

当钢质管道敷设环境中存在较大的大地电流时，电流则可从涂层、防腐层破损处流入管道，沿管道传输到远处释放，而干扰位置就在电流进入处与释放处。如图3-2-5所示，接地管道为阳极，该侧电流流入，电位负向偏移；另一侧电流流出，电位正向偏移。当接地阴极时反之。

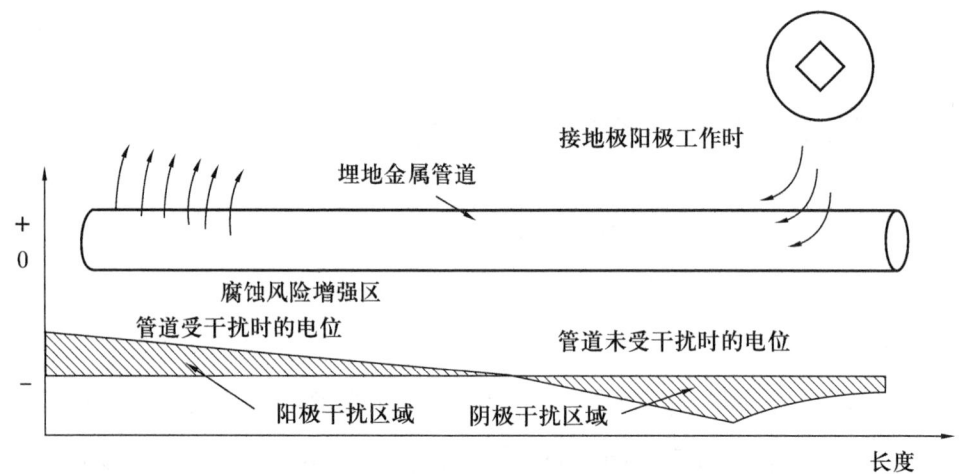

图3-2-5 接地极阳极放电时管道受干扰模式

高压直流接地极单极大地回路运行对管道造成的干扰程度及影响范围与多个因素有关，包括接地极的入地电流大小、管道防腐层质量、与电缆的平行间距、管道埋深[23]、缺陷大小及土壤电导率等。通过大量的现场干扰监测数据结合仿真计算方法，得到上述因素对高压直流干扰的影响规律如下[24]。

（1）入地电流大小。

杂散电流密度随入地电流强度增加而增加，受其影响较大。在HVDC系统单极运行时，杂散电流干扰强度远大于其正常运行时的干扰强度。

（2）防腐层质量。

杂散电流密度峰值受防腐层质量的影响较为明显，其中防腐层质量的关键技术指标为涂层电导率与厚度。防腐层质量越好，其抗干扰能力越强。因此，应选择使用电阻率较高且厚度较大的防腐层以降低杂散电流对管道的影响。

（3）平行间距。

HVDC系统电缆的并行间距对无保护管道受杂散直流电流强度峰值影响较大。并行间距越大，管道中杂散直流强度峰值越小。因此，在工程实践中，应在尽可能增大管线与线缆之间的距离。

（4）管道埋深。

无保护管线中直流杂散电流密度受管道埋深影响较小。直流杂散电流密度与管道埋深呈负相关。因此，在工程实践中，在满足施工条件下尽可能选取更深的管道埋深。

（5）缺陷大小。

含缺陷受涂层保护管道受缺陷直径大小影响较大。较小的缺陷直径会导致该位置直流杂散电流密度较大。因此，在工程实践中应重视涂层缺陷直径大小。值得注意的是，较小的缺陷直径可能会伴随更大的腐蚀风险。

（6）土壤电导率。

管道涂层破损处杂散电流密度受土壤电导率干扰大，杂散电流密度峰值与土壤电导率呈反比，土壤电导率越小杂散电路密度峰值变化越大。

3）检测方法

高压直流接地极单极大地回路运行在管道上造成的干扰具有偶发性、不可预知性、难捕捉和影响范围广的特点[25]。因此，通过现场逐桩测试管道电位的方法，几乎无法实现对高压直流干扰影响范围和程度的检测。

阴极保护智能监测技术可用于监测管道受到高压直流接地极单极运行干扰的范围和强度。为了确保监测结果能够对管道的受干扰程度进行有效评估，应当在管道沿线的特定位置安装智能监测设备。这些特定位置通常包括靠近接地极的管道、两端远离接地极的管道、绝缘接头位置和管道沿线存在接地的位置等。靠近接地极的管道受干扰时电位偏移较大，监测间距可密集设置，如每1～5 km设置一处。为了监测接地极单极运行对管道干扰的影响范围，在远离接地极的管道上也应该设置监测点，监测间距可增加至5～10 km。高压直流接地极单极运行时，连续段范围内设置的所有智能监测点将在同一时刻发生电位偏移，而且靠近接地极管道的电位偏移方向与两端远离接地极管道的电位偏移方向恰好相反。

除智能监测技术外，管道高压直流干扰的影响范围和程度还可以利用数值模拟计算技术进行全面评估。通过收集管道、高压直流输电系统及相关的环境信息，利用相关的数值仿真计算软件构建三维模型并与现场远程监测的相关电位数据进行对比，调整优化仿真计算模型，从而对管道的受干扰程度进行模拟监测。

4）防护措施

通过调查发现，目前国外直流杂散电流的研究主要集中于轨道交通方向，对高压直流杂散电流研究很少。国内主要采用软件模拟仿真、室外现场测试、室内试验等方法，对高压直流杂散电流的干扰机理以及相对应的防护措施进行研究[26]。通过相关研究我们可以得到管道防护措施如下[27]。

（1）管道埋设。

DL/T 437—2012《高压直流接地极技术导则》提出，直流接地极的位置应该远离人口稠密的城市和乡镇以及地下有较多公共设施的地区。同时，高压直流接地极的位置应该考虑对周围环境的影响，在接地极位置的 10 km 内不应有埋地油气管道。

（2）加强防腐层和管道检测。

对于埋地油气管道，尤其是受到严重干扰的埋地油气管道，为了降低高压直流杂散电流的干扰，普通的 3PE 防腐层是不能完全满足生产运行要求的，因此可以使用加强级 3PE 来大幅提高防腐层的质量。同时应该加强管道管理，定期使用漏磁等方法对管道进行检测，及时发现并修补破损处的防腐层，保证防腐层对管道的保护作用。

（3）管道分段。

对于一段较长的埋地油气管道，可以使用绝缘装置将其分成数段，然后再和阴极保护系统等防护措施联合使用，就可以在很大程度上降低高压直流杂散电流的干扰范围。

（4）阴极保护。

①牺牲阳极保护法：牺牲阳极保护法是指通过牺牲阳极与被保护的埋地油气管道构成原电池，利用阳极材料的自我消耗来保护管道。当有杂散电流经过时，管道就会作为阴极，电位高，不易失去电子，因此腐蚀减缓。阳极电位较低，失去电子，从而保护管道。常见的牺牲阳极材料是镁、锌、铝。

②外加电流保护法：该方法通过安装另外的电源来提供电流，属于主动防腐。管道作为阴极，其他材料作为阳极，两者共同构成电解池。正常生产运行以及有杂散电流经过时，管道表面发生阴极反应，外加的电源会增加管道表面反应所需的电子含量，进而达到减缓管道腐蚀的目的。

（5）排流。

①直接排流法。

如图3-2-6所示，这种方法用绝缘电缆将埋地油气管道与直流干扰源相连，将流入埋地油气管道的杂散电流通过电缆排回干扰源。适合在埋地油气管道阳极区域和直流干扰源阴极区域电位稳定的情况下使用，这种方法价格低廉，性价比高。但是如果直流干扰源对大地的电位大于埋地油气管道对大地的电位，反而会加重杂散电流的腐蚀，因此这种方法的使用存在很大的局限性。

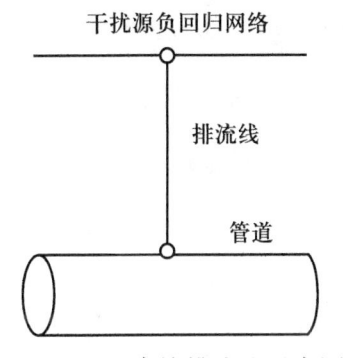

图3-2-6 直接排流法示意图

②极性排流法。

如图3-2-7所示，这种方法是在直接排流法的基础上，串联单向二极管，只允许单向排流，克服了直接排流法的缺点。这种方法无须电源、适用范围广、排流效果较好并且所需的装置结构简单、可靠耐用。但是，高压直流输电系统单极接地时流入大地的电流非常大，二极管可能会因此损坏，导致排流效果变差。因此采用这种方法

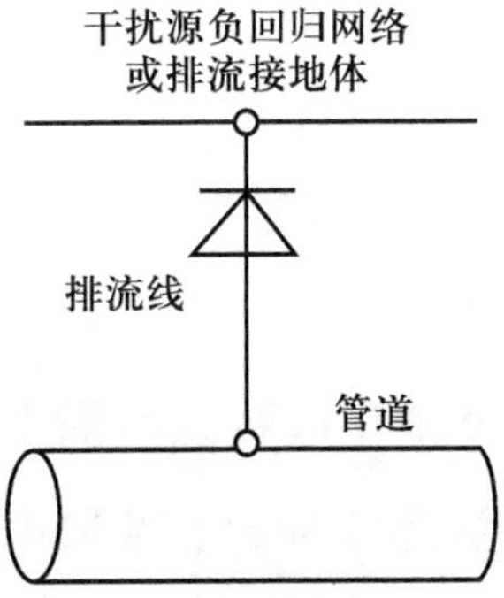

图3-2-7 极性排流法示意图

时,需要经常对排流装置进行检查和维护。

③接地排流法。

如图3-2-8所示,这种方法是用排流电缆将埋地油气管道与牺牲阳极连接,先将杂散电流从埋地油气管道排到牺牲阳极上,然后通过土壤流回直流干扰源,对干扰源危害小。这种方法比直接排流法和极性排流法更灵活,但是排流效果不如前两种排流方法,并且对辅助阳极要求较高,因此成本较高。

④强制排流法。

如图3-2-9所示,这种方法实际上是在直接排流法的基础上,在排流线路中串联一个整流器,通入直流电流,提高整体的排流效率。这种方法排流效果较好,比较经济。需要注意的是,这种方法需要外加电源,有可能对埋地油气管道造成影响,且会加剧铁轨腐蚀。因此采用这种方法时,需要经常检查埋地油气管道。

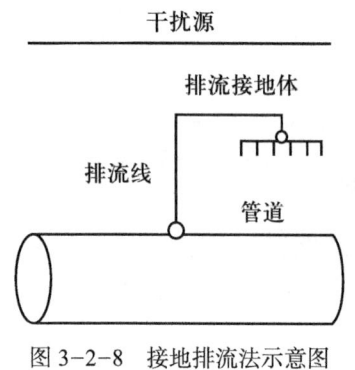

图3-2-8 接地排流法示意图

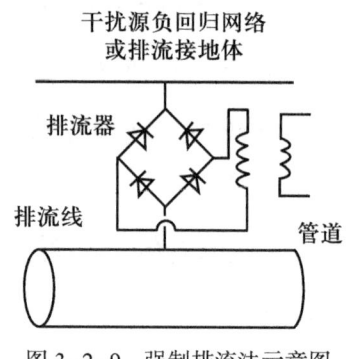

图3-2-9 强制排流法示意图

2.城市轨道交通动态直流干扰

埋地管道与电气化铁路等杂散电流干扰源通常较近[28],直流杂散电流较易进入管道。当管道防腐层出现破损时,电流从该处进入土壤,管道破损点作为阳极失电子被腐蚀,统称为杂散电流腐蚀,埋地金属管道腐蚀泄漏事故的50%以上是由杂散电流造成的[29]。动态直流杂散电流是3种形态杂散电流(交流、直流、地电流)之一,主要来自直流电气化铁路[30]。

1）干扰机理

城市轨道交通运行中因对地绝缘件老化，易产生杂散电流，引起大地电位波动。地铁运行时的供电电流由牵引变电所提供，经钢轨回流，但由于绝缘件老化经钢轨，部分牵引电流会泄漏至地下，产生瞬时性的杂散电流。杂散电流从埋地管道的防腐层破损点流入管道的金属部位，导致管道表面产生过度的阴极反应。过度的阴极反应可能引起防腐层发生阴极剥离，并在管体局部强度较高的部位导致氢脆敏感性增加，在杂散电流从埋地管道流出管道的部位导致管体腐蚀。

以地铁直流牵引系统为例，地铁列车从启动到停止依次经历牵引加速状态、匀速运行状态和制动减速状态。受到工作环境的影响，城区地铁的站间距离设置较短，地铁的最高时速和加速减速过程均有所限制。结合地铁运行时间、距离、速度数据和受流功率情况，以某地铁某两站间运行参数为例，可以计算出该段线路地铁运行从启动到停止的牵引电流波动特性如图3-2-10所示。

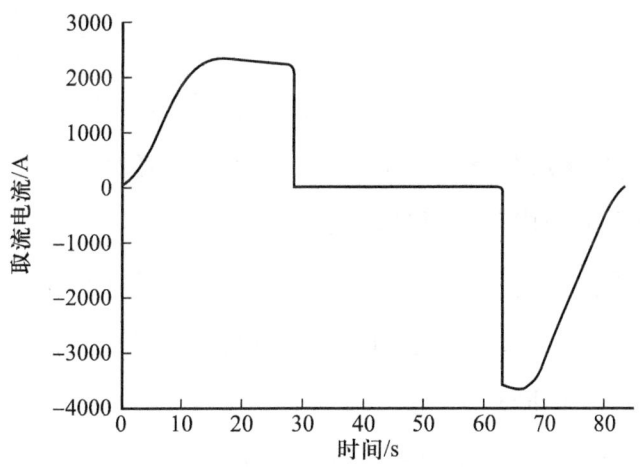

图3-2-10　地铁从启动到停止的牵引电流特性图

地铁在牵引加速和制动减速时，接触网或第三轨上流过的牵引电流会产生极大的波动。在地铁匀速运行时牵引电流几乎没有波动，仅维持较低的电流以克服列车总体阻力。在地铁运行过程中，杂散电流的泄漏主要发生在牵引和制动阶段。在地铁牵引和制动的过程中，随着牵引电流的迅速增大，杂散电流的泄漏量也急剧增加，与牵引电流呈现正相关。分析地铁牵引加速和制动减速阶段的牵引电流梯度变化，其牵引电流都是在快速上升后缓慢下降，与冲击电流波形相似。

2）干扰规律

考虑不同干扰因素如地铁站轨电位限制器（OVPD）装置、地铁与管道相对位置等的影响[31-32]，分析地铁杂散电流干扰规律，得到规律如下[33]：

（1）地铁站OVPD装置对杂散电流的影响。

OVPD合闸自锁时，钢轨上电流大量流入流出大地，对临近管道干扰程度大幅增强，且在单方向上随着与OVPD合闸地铁站距离增大，干扰增强幅度减小。

（2）地铁与管道相对位置对杂散电流的影响[34]。

管道与多条地铁线路并行时，各位置最大干扰水平主要受其最近并行段的影响，并行段管道干扰强度大于远离段。

3）判断标准

下面是不同国家对动态直流杂散电流干扰判断指标：

（1）国家标准GB 50991—2014《埋地钢质管道直流干扰防护技术标准》针对不同情况制定了干扰程度评价体系。

① 在设计阶段，对于管道20 m范围内电位梯度＞0.5 mV/m，确定存在直流干扰；当电位梯度≥2.5 mV/m时则需要对管道投产后可能存在的干扰进行评估，并制定对应保护措施；

② 对于不受阴极保护的管线，管地电位偏移＞20 mV时，确认受到直流杂散电流干扰；当自然电位偏移≥100 mV时则需要采取对应措施；

③ 当受阴极保护的管线不满足最小电位保护要求时，应采取干扰保护措施。

埋地油气管道直流杂散电流受干扰程度的指标见表3-2-3。根据干扰程度选择是否进行评估，然后采取对应的干扰防护措施。

表 3-2-3　埋地油气管道直流杂散电流受干扰程度

参数	弱	中	强
管道对地电位正偏移 /mV	<20	20～200	>200
土壤电位梯度 /（mV/m）	<0.5	0.5～5	>5

（2）澳大利亚标准 AS 2832.1—2015。

表 3-2-4 是对短时间极化的构筑物动态直流干扰程度判断。

表 3-2-4　短时间极化的构筑物动态直流干扰程度判断

电位正于保护准则程度	所占测试时间的百分比 /%
正于保护准则（对钢铁构筑物电位为 −850 mV）	<5.0
正于保护准则 50 mV（对钢铁构筑物电位为 −800 mV）	<2.0
正于保护准则 100 mV（对钢铁构筑物电位为 −750 mV）	<1.0
正于保护准则 850 mV（对钢铁构筑物电位为 0 mV）	<0.2

（3）欧洲标准 EN 50162：2004 关于结构物的阴极保护规定如下。

① 对于没有阴极保护的结构，可以使用电位偏移作为参考指标，同时考虑土壤电阻率和 IR 降的影响。在这种情况下，可接受的管地电位最大正向偏移值应参照表 3-2-5 确定。

② 如果测试结果显示超过表 3-2-5 中相应的最大可接受程度，这表明存在高腐蚀危险。

表 3-2-5　EN 50162：2004 中无阴极保护埋地或浸没金属结构的可接受电位正向偏移值

结构金属	电解质的电阻率 ρ/（Ω·m）	最大正电位偏移 ΔU/（包括 IR 下降）mV	最大正电位偏移 ΔU（包括 IR 下降）/mV
钢、铸铁	≥200	300	20
	15～200	1.5ρ	20
	<15	20	20
铅	—	ρ	—
埋入式混凝土结构中的钢	—	200	

4）防护措施

地铁杂散电流防护工程方案应符合CJJ/T 49—2020《地铁杂散电流腐蚀防护技术标准》见表3-2-6。

表3-2-6 地铁杂散电流防护工程方案

方案	回流导体	回流网	防护类型	技术要求特征
一	专用轨	轨道回流系统	系统性绝缘	绝缘要求应与接触网相同
二	走行轨	轨道回流系统	加强绝缘＋监测	杂散电流引起的结构电位偏离应小于自然电位
三	走行轨	轨道回流系统	绝缘＋监测＋排流	杂散电流引起的结构电位偏离应小于危险电位，使地铁结构处于保护电位

对地铁产生的杂散电流可以分为源头治理和主动治理。

（1）源头治理。

管道直流杂散电流的主要是轨道交通的直流牵引系统，所以需要从根本上对杂散电流进行抑制[35]。因此，这就要求管道运营单位加强与政府规划部门和地铁公司的沟通，在地铁规划阶段尽量远离天然气管道，避免长距离的并行、交叉；在设计阶段做好杂散电流的控制设计，如增设架空回流线、合理设置牵引电力所、增加轨道绝缘等；在地铁运行后定期进行杂散电流监测，做好尽早发现和治理。

（2）主动治理。

对于地铁直流干扰，可以根据管道运行的实际情况，采取包括极性排流、直接排流、强制排流、接地排流等措施，将管道杂散电流通过接地极排出，避免其对管道的腐蚀。对于干扰状况复杂且严重的情况，除采取排流措施外，还可维修防腐层破损点、分段绝缘并防护等综合治理措施。此外，还可以适当提高恒电位仪输出，以提高断电电位的合格率。

第三节　西气东输管线动态干扰测试与治理案例

选择 2017 年对求大线 50 km 开展的动态直流干扰测试与治理作为分析案例。该管道地处某市，设计压力 10 MPa，操作压力 4 MPa，管道直径 914 mm，线路截断阀室 5 座，阴极保护站 2 座，采用 3PE 防腐层，并通过强制电流阴极保护，对管道进行防护。截断阀室与站场均装有电位传送器，电位范围为 −3～0 V，输出电流为 4～20 mA。且所有阀室及站场均存在绝缘接头。

管线多处与高压电网交叉，地铁 1 号线、11 号线等地铁线路途径管道沿线。管线附近多丘陵、林地、荒地，土质以沙土、黏土为主，气候温和、高温多雨、日照时间长。

一、干扰源调查

对管道沿线干扰源进行了调查，并选取 20 处测试点进行管道交直流电位检测。通过现场调查，管道沿线直流干扰源主要为地铁 1 号线、11 号线与 QD 线管道存在交叉。此外，5 号线地铁 AB 中心到 HLB 站段与管道存在 7 km 并行段。

对管道沿线的干扰源调查，选择了 20 个测试点进行电位检测。根据调查结果，深圳地铁 1 号线、11 号线以及 QD 线与管道的交叉部分被确认为主要的直流干扰源。此外，地铁 5 号线在 BA 中心到 HLB 站段与管道平行延伸长达 7 km，进一步加剧了干扰影响。

接触网就是通过与受电弓的直接接触，将电能传送给地铁列车的特殊供电系统。其主要作用是传输 1500 V DC 电压，正线接触网总截面持续供电电流为 3000 A。供电电流从供电所输出，经馈电线、电动机车、轨道、负极母线返回供电所，如图 3-3-1、图 3-3-2 所示。

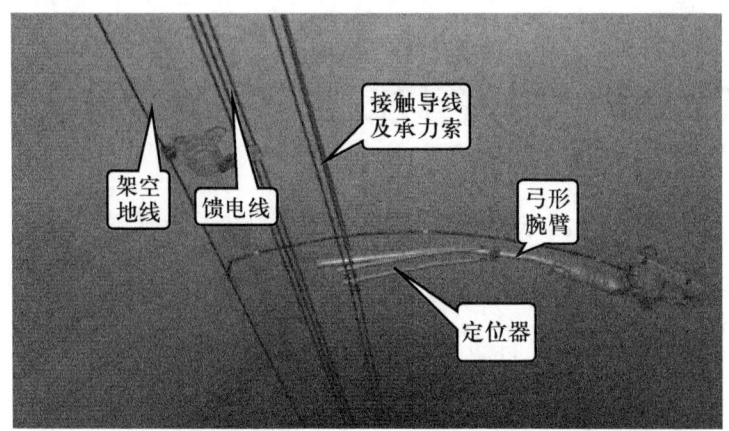

图 3-3-1　地铁接触网

图 3-3-2　地铁线路结构

二、干扰状况测试

选取 20 个测试点进行管道交直流电位 24 小时连续测试，直流电位测试为管道通电电位。测试点的选点包括与干扰源交叉、距离突变、近距离并行管段、正负向偏移频次较高的管段、土壤电阻率较低区域及易于杂散电流泄放的管段。选取的测试点如表 3-3-1 所示。

1. 直流点位测试结果

全部测试点均受到较强动态直流干扰。各测试点在 0：40—5：20 时间段内曲线平滑，受杂散电流干扰较弱，结合地铁列车运行时刻表显示该时间段地铁停运。各测试点在 5：20—0：40 时间段内电位波动剧烈，表现出显著的电位变化特征，在此期间，每一个波段之间的均呈现几十秒到 10 min 的小波峰，与地铁发车频率相一致（图 3-3-3、图 3-3-4）。

表 3-3-1　干扰状况测试点汇总表

编号	桩号	备注
1	SZHF-XXX	求 YL 地铁站附近
2	SZHF-XXX	求 YL 地铁站附近
3	SZHE-XXX	2016 年土壤电阻较低，为 3.51 Ω
4	SZHF-XXX	接近 15# 阀室
5	SZHF-XXX	15# 阀室附近
6	SZHF-XXX	2016 年厂区里，管道直流电位正向偏移 9.69 V，负向偏移 -10.98 V
7	SZHF-XXX	变电站附近
8	SZHF-XXX	与变电站距离不远
9	SZHF-XXX	土壤电阻较低，为 4.40 Ω
10	SZHF-XXX	2016 年管道直流电位正向偏移 8.92 V，负向偏移 -12.34 V，土壤电阻较低，为 4.13 Ω
11	SZHF-XXX	2016 年管道直流电位正向偏移 12.65 V，负向偏移 -14.02 V
12	SZHF-XXX	2016 年管道直流电位正向偏移 8.2 V，负向偏移 -10.54 V
13	SZHF-XXX	2016 年土壤电阻较低，为 10.41 Ω，荒草地便于测试
14	SZHF-XXX	2016 年土壤电阻较低，为 5.5 Ω，距高压线塔 30 m
15	SZHF-XXX	2016 年土壤电阻较低，为 8.57 Ω，距离高压线塔 10 m
16	SZHF-XXX	2016 年土壤电阻较低，为 10.2 Ω
17	SZHF-XXX	2016 年土壤电阻较低，为 8.86 Ω，距离高压塔 50 m
18	SZHF-XXX	居民楼附近，地铁 1 号线
19	SZHF-XXX	2016 年土壤电阻较低，为 2.99 Ω，地铁 11 号线
20	SZHF-XXX	海边，地铁 11 号线

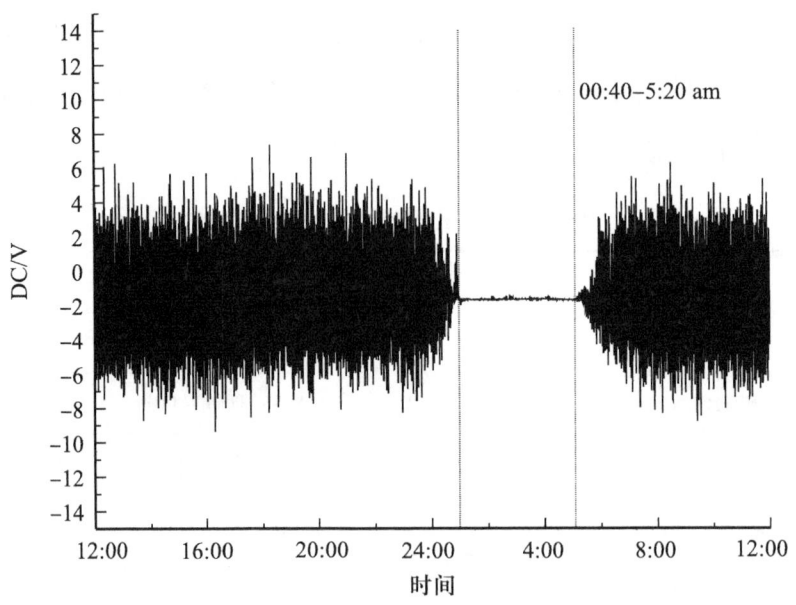

图 3-3-3　10# 测试点 24 h 监测直流通电电位测试

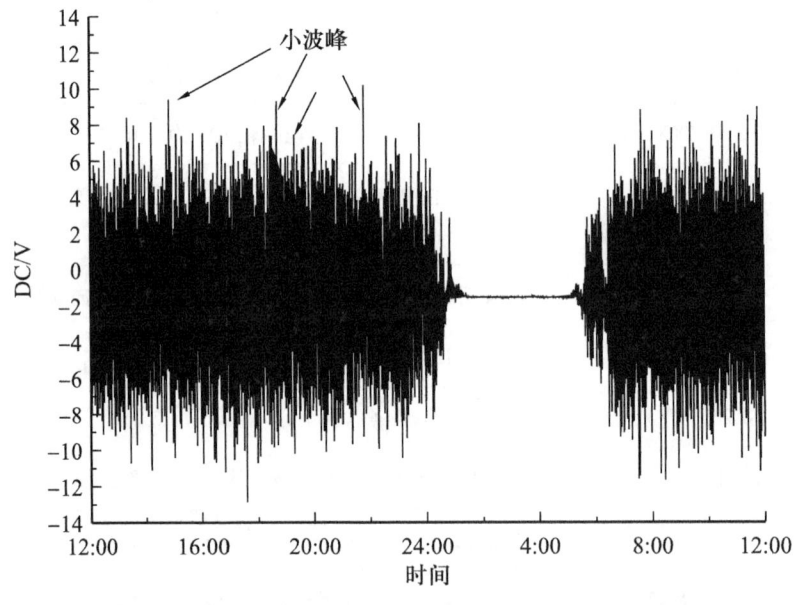

图 3-3-4　11# 测试点 24 h 监测直流通电电位测试

根据管道沿线动态直流电流信号表现出的特征，可以确定地铁为干扰源。

为了综合分析求大线管道干扰状况，以 20 个测试点通电电位数据为基础，拟合出全线管道通电电位—距离分布曲线，如图 3-3-5 所示。求大线管道通电电位的最大与最小值呈对称式波动，平均值趋势平稳，正方向电位波动区间为 0.265~11.275 V，负方向电位波动区间为 −4.5~13.31 V。$10^{\#}$~$15^{\#}$ 测试点波动幅度最大，最大值位于 10.25~11.275 V。$2^{\#}$ 测试点波动幅度最小，最小值为 −12.38~13.31 V。与地铁交叉的 $18^{\#}$、$19^{\#}$ 和 $23^{\#}$ 测试点通电电位较其他测试点要小。

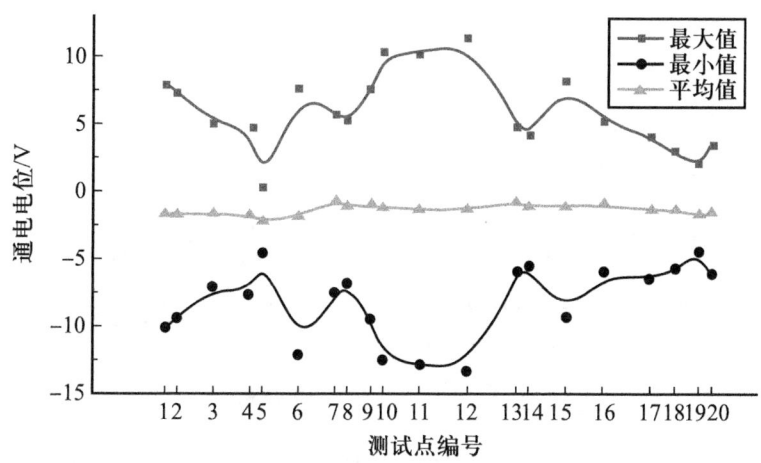

图 3-3-5 2017 年求大线管道通电电位—距离分布曲线

本次 2017 年测试数据与 2016 年数据进行对比显示：两年的管道通电电位分布曲线趋势基本一致，个别管段略有差异，但幅度基本相同。2018 年数据与前两年对比趋势基本一致，但波动范围有小幅缩窄，如图 3-3-6 所示。

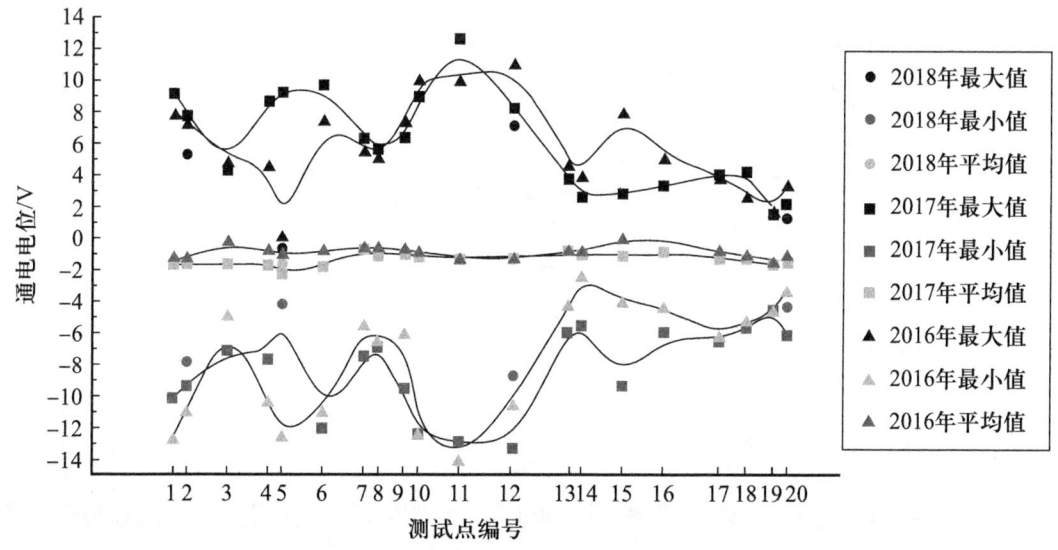

图 3-3-6 2016 年、2017 年及 2018 年管道通电电位分布曲线对比图

2. 交流点位测试结果

20 处测试点阴极保护加排流状态的管道交流电位分布曲线如图 3-3-7 所示，交流电位最大值为 19.5 V，最小值为 0.02 V，平均值最高 7.3 V，最低 0.16 V。

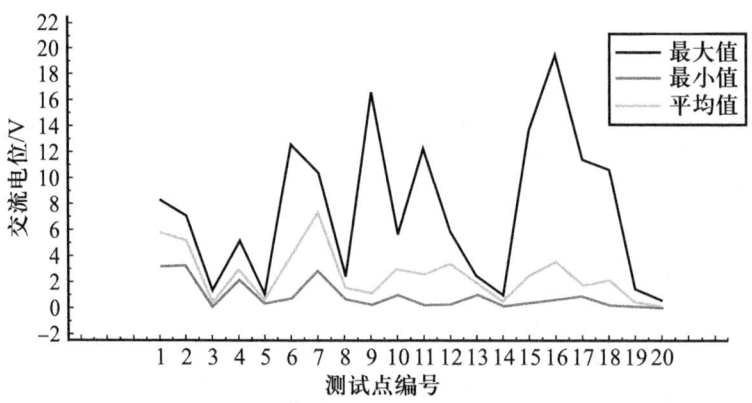

图 3-3-7　交流电位分布

如图 3-3-8 所示为各测试点交流电流密度，根据交流排流保护标准评定结果为：$1^{\#}$ 与 $2^{\#}$ 测试点均为中，其余测试点均为弱。

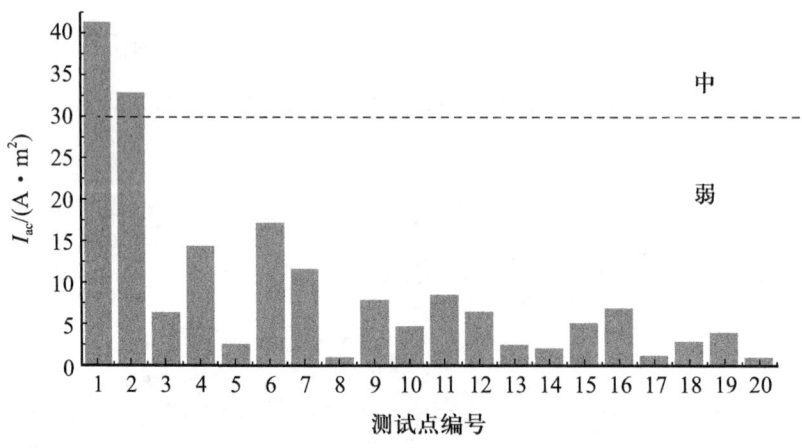

图 3-3-8　交流电流密度及评价

三、干扰治理案例

长沙境内某长输天然气管线于 2004 年建成并投入使用，总长 80 km，埋深 1.2 m。管道材质为 X70 无缝钢，直径 610 mm，壁厚 7.9 mm，设计压力

6.3 MPa，运行压力 5.0 MPa。管线穿越长沙市近郊东部，与多条地铁、电气化铁路以及高压输电线路交叉或伴行。特别是自 2021 年底新建轨道交通 A 线试运行后，管线遭受杂散电流干扰，导致 CS 分输站阴极保护电源电位波动明显，无法正常运行。

表 3-3-2 管线主要参数

材质	管径 /mm	壁厚 /mm	设计压力 /MPa	运行压力 /MPa
X70	610	7.9	6.3	5.0

鉴于管道受到杂散电流干扰的特点，设计了一种联合保护方案，结合了极性强制排流法、负电位接地排流法及固态去耦合器排流法。

为降低管道沿线动态直流杂散电流的影响，参考 GB/T 50991—2014 给定的方法，在 CS 阴极保护站，调整恒电位仪的控制电位至 −1780 mV，进行强制排流保护。为排除管道上的交流杂散电流干扰，参考 GB/T 50698—2011，在地铁 A 线与管道交点两侧 20 km 范围内 13 处测试桩安装了排流保护装置。同时，在满足条件的情况下安装固态去耦合测试器进行保护。

采用分流器对沿线测试桩电位进行 24 小时同步监测，采集被测管线通电电位、断电电位、自然电位、交流干扰电压以及直流排流电流等信息。采用交流缓解率作为判定保护效果的指标，计算式为：

$$f = 100\frac{J_{ACO} - J_{ACI}}{J_{ACO}} \quad (3\text{-}3\text{-}1)$$

式中　f——缓解率；

　　　J_{ACO}——排流前交流电流密度最大值，A/m^2；

　　　J_{ACI}——排流后交流电流密度最大值，A/m^2。

如图 3-3-9 所示，负电位接地排流方法对动态直流杂散电流的治理效果最佳。对比不同点位通电电位波动幅值，采用负电位接地排流的区域波动相较于其余方法更加小。表明负电位接地保护方法对管道系统的直流电流干扰治理效果较好[36]。

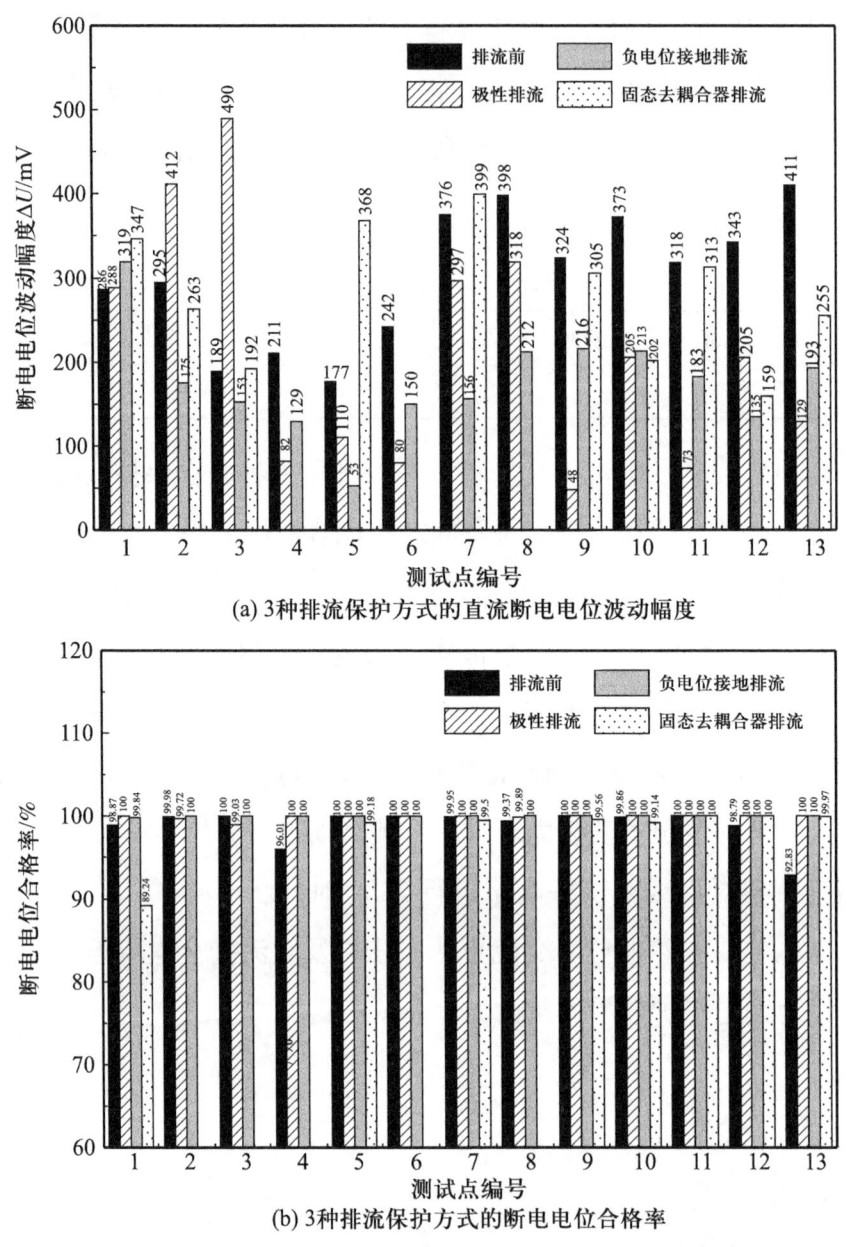

图 3-3-9 3 种保护方法对直流杂散电流干扰的缓解效果

如图 3-3-10 所示，不同排流保护方式对直流电流的治理效果存在显著差异。对比三种排流保护方式的排流保护效果后发现，负电位接地法与固态去耦合器保护法表现较好，缓解率均大于 80%。在上述两种保护方法作用下，12 处测试点交流干扰电压均低于 4 V。此外，参考 GB/T 21448—2017，交流杂散电流干扰程度均定义为"弱"，电流密度均小于 30 A/m^2。然而，强制极性排流保

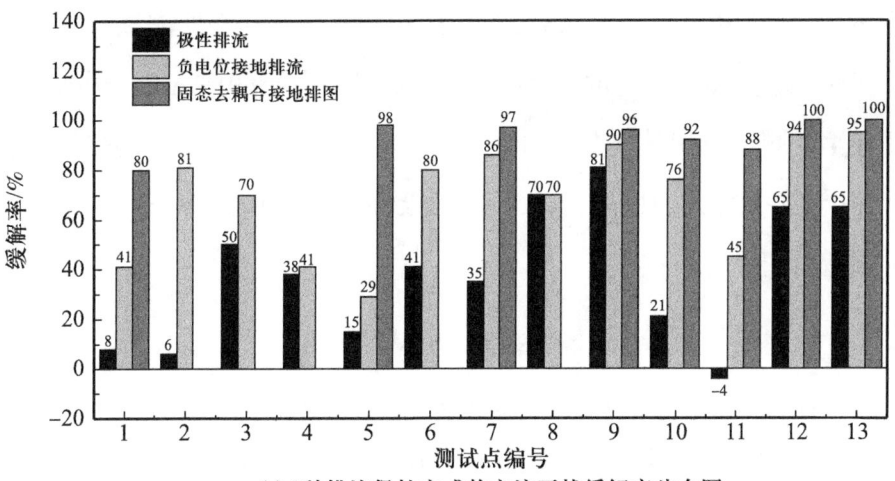
(a) 3种排流保护方式的交流干扰缓解率分布图

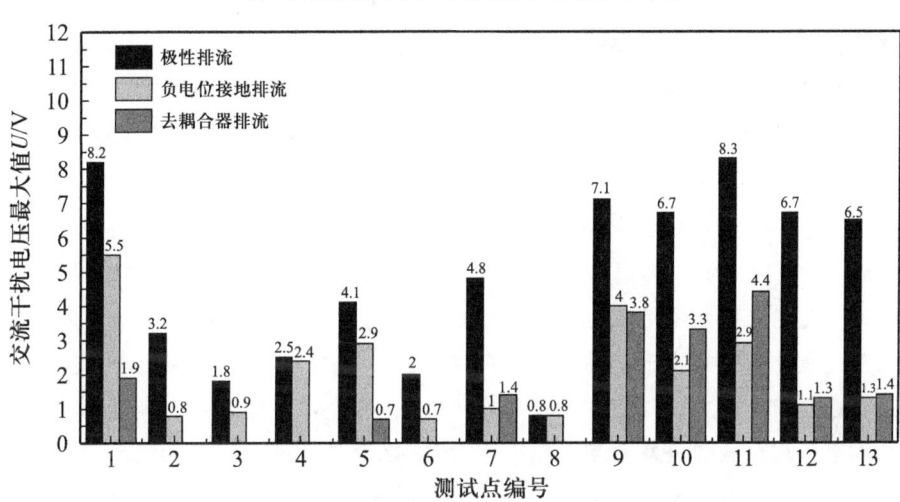
(b) 3种排流保护方式的交流电电压分布图

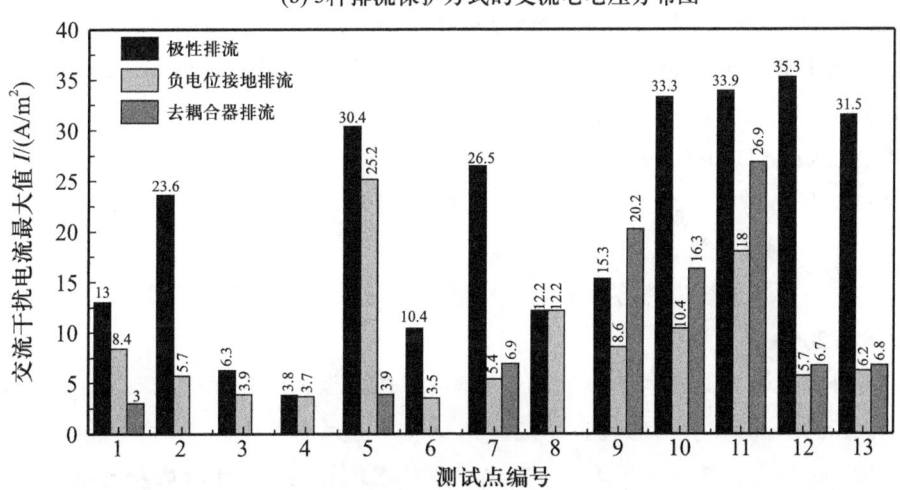
(c) 3种排流保护方式的交流电流强度分布图

图 3-3-10 3种排流保护方式保护效果图

护法缓解交流杂散电流干扰效果较差。在该方法下，有 8 处测试点的交流杂散电流的缓解率低于 50%，超过 60% 点位电流密度大于 30 A/m²，干扰度为"中等"，仅有 4 处测试点交流干扰电压低于 4 V。该结论突显了不同排流保护方式在处理交流干扰缓解方面的差异，且强制极性排流保护法缓解交流杂散电流干扰效果的较差。

参 考 文 献

[1] 田中山，路民旭. 成品油管道腐蚀控制技术及应用[M]. 北京：科学出版社，2021.

[2] 郑广龙. 交流输电线路对高速铁路电磁影响问题的研究[D]. 北京：华北电力大学，2014.

[3] 孙建刚，邵祖伟. 新疆油田第四届油气储运技术与管理研讨会论文集[M]. 乌鲁木齐：新疆人民出版社，2008.

[4] 滕延平，祖宏波，董士杰，等. 管道交流杂散电流干扰技术研究现状与发展趋势[J]. 管道技术与设备，2012（2）：3-5.

[5] 吴荫顺，曹备. 阴极保护和阳极保护：原理，技术及工程应用[M]. 北京：中国石化出版社，2007.

[6] 张立军. 交流杂散电流对埋地管道腐蚀机理研究[D]. 大连：大连理工大学，2017.

[7] 王益敏. 埋地管道交流干扰腐蚀规律研究[D]. 南京：南京工业大学，2011.

[8] 杨燕. X70 钢交流腐蚀行为及机理研究[D]；青岛：中国石油大学（华东），2013.

[9] 魏宝明. 金属腐蚀理论及应用[M]. 北京：化学工业出版社，1984.

[10] TANG D Z, DU Y X, LI X X, et al. Effect of alternating current on the performance of magnesium sacrificial[J]. Materials & Design, 2016, 93: 133-145.

[11] Krishna L R, Poshal G, Jyothirmayi A, et al. Relative hardness and corrosion behavior of micro arc oxidation coatings deposited on binary and temary magnesium alloys[J]. Materials and Design, 2015, 77: 6-14.

[12] 欧阳孝含，阎明，刘全桢，等. 高压输电线对埋地管道交流腐蚀相关判别的准则[J]. 科技创新导报，2015，12（34）：67-68.

[13] 陈绍凯. 交流电气化铁路杂散电流对埋地管道干扰规律研究[D]. 北京：中国石油大学，2009.

[14] 宋吟蔚，王新华，何仁洋，等. 埋地钢质管道杂散电流腐蚀研究现状[J]. 腐蚀与防护，2009，30（8）：515-518，525.

[15] 李伟，杜艳霞，姜子涛，等. 电气化铁路对埋地管道交流干扰的研究进展[J]. 中国腐蚀与防护学报，2016，36（5）：381-388.

[16] 张小月. 电气化铁道对油气管道电磁干扰的计算及防护措施[J]. 石油库与加油站, 2010, 19（4）：29-32, 50-51.

[17] 孙佩奇. 电气化铁路对埋地钢质燃气管道的交流干扰及其防护措施[J]. 城市燃气, 2011（4）：7-11.

[18] 李晓龙, 王政骁, 罗艳龙, 等. 埋地钢质管道交流杂散电流干扰研究现状[J]. 材料保护, 2022, 55（8）：158-165.

[19] 邵昀启, 黄识州, 禤忠豹. 埋地管道杂散电流检测系统的研究[J]. 中国仪器仪表, 2023（8）：43-46.

[20] 詹奕, 尹项根. 高压直流输电与特高压交流输电的比较研究[J]. 高电压技术, 2001（4）：44-46.

[21] 秦润之, 杜艳霞, 姜子涛, 等. 高压直流输电系统对埋地金属管道的干扰研究现状[J]. 腐蚀科学与防护技术, 2016, 28（3）：263-268.

[22] 程明, 张平. 鱼龙岭接地极入地电流对西气东输二线埋地钢质管道的影响分析[J]. 天然气与石油, 2010, 28（5）：22-26, 82.

[23] 曹国飞, 顾清林, 姜永涛, 等. 高压直流接地极对埋地管道的电流干扰及人身安全距离[J]. 天然气工业, 2019, 39（3）：125-132.

[24] 黎少飞. 高压直流输电接地电流对埋地油气管道干扰规律的研究[D]. 常州：常州大学, 2023.

[25] 胡亚博, 吴志平, 吴世勤, 等. 高压直流接地极对埋地管道腐蚀的影响和管控思考[J]. 油气储运, 2021, 40（3）：256-262.

[26] 周长李, 胡汉董. 特高压直流电流对埋地管道的干扰及防护措施分析[J]. 中国石油和化工标准与质量, 2020, 40（22）：43-45.

[27] 李凌风. 高压直流杂散电流对埋地油气管道的干扰及防护措施分析[J]. 中国石油和化工标准与质量, 2023, 43（4）：31-34.

[28] 卢俊文, 刘红星, 湛立宁. 管道外防腐层检测装置智能化的研究[J]. 中国标准化, 2019（8）：175-176.

[29] 卢俊文, 王肖逸, 周璐璐, 等. 城镇燃气管道动态直流杂散电流检测与防护措施研究[J]. 中国特种设备安全, 2023, 39（8）：63-66.

[30] 严俊伟, 陈长, 陆益锋, 等. 基于定期检验发现的城市燃气管道安全问题[J]. 中国特种设备安全, 2019, 35（5）：61-65.

[31] 李志慧. 地铁供电系统中OVPD的主要参数分析[J]. 电气化铁道, 2016（1）：38-41.

[32] 李德明. 轨道交通OVPD对埋地管道杂散电流干扰影响[J]. 上海煤气, 2021（1）：9-14.

[33] 陈军, 刘俐俐, 任勇, 等. 埋地燃气管道地铁杂散电流干扰影响规律及缓解措施效果

分析[J].城市燃气,2023(3):33-39.
[34] 覃慧敏,杜艳霞,路民旭,等.轨道交通对埋地管道动态直流干扰腐蚀的研究进展[J].腐蚀科学与防护技术,2018,30(6):653-660.
[35] 杨永,何仁洋,李刚,等.埋地钢质管道杂散电流的检测与防护[J].腐蚀与防护,2012,33(4):324-327.
[36] 李德明,郑策,刘宇翔,等.某天然气长输埋地管线长沙段杂散电流干扰检测及排流实践[J].材料保护,2022,55(8):171-177,182.

第四章 长距离输气管道腐蚀直接评价

管道评价方法包括压力测试、直接评价和内检测等。管道直接评价（Direct Assessment，DA）是基于管道外检测结果对管道的腐蚀状况进行评价的方法。根据美国石油学会（American Petroleum Institute，API）和美国机械工程师协会（American Society of Mechanical Engineers，ASME），管道直接评价是被认可的评价管道完整性的方法，用于处理管道内腐蚀、外腐蚀和应力开裂腐蚀等问题。与压力测试和内检测方法相比，管道直接评价能够在正常生产的条件下进行，为既不能进行压力测试也不能进行内检测和在线检测的管道提供了巨大的便捷。管道直接评价主要分为内腐蚀直接评价（Internal Corrosion Direct Assesment，ICDA）、外腐蚀直接评价（External Corrosion Direct Assesment，ECDA）和应力腐蚀开裂直接评价（Stress Corrosion Crashing Direct Assesment，SCCDA），三种类型的评价步骤均可分为预评价、间接评价、直接评价和后评价四个步骤，见表4-0-1。ICDA通过收集到的基础数据、计算结果及检查结果，判断管道的内腐蚀程度和腐蚀机理，并结合管道的完整性管理理论，提出合理的改进维护意见。

表 4-0-1 直接评价方法分类

评价方法	预评价	间接评价	直接评价	后评价
ICDA	管道设计、施工和运行参数，管道介质组分和加注剂，管道腐蚀监测数据	进行内腐蚀预测，腐蚀敏感管段与开挖位置选择	对管道进行开挖管检测，确定是否发生由腐蚀引起的管壁损失	评价ICDA的有效性，确定再评价时间间隔，并提出维修维护建议
ECDA	管道设计、施工和运行参数，管道介质组分和加注剂，管道腐蚀监测数据	在管道上方地面进行现场检测	对开挖管段表面进行检测和测量	评价ECDA的有效性，确定再评价时间间隔，并提出维修维护建议

续表

评价方法	预评价	间接评价	直接评价	后评价
SCCDA	管道设计、施工和运行参数，管道介质组分和加注剂，管道腐蚀监测数据	密间隔电位检测数据，直流电压梯度数据及土壤类型、地形和排水条件	对管道进行开挖管检测，确定是否发生 SCC	评价 SCCDA 的有效性，确定再评价时间间隔，并提出维修维护建议

第一节　长距离输气管道内腐蚀直接评价方法

一、内腐蚀直接评价方法原理

美国腐蚀工程师协会（National Association of Corrosion Engineers，NACE）根据输送介质的不同制定了四种管道直接评价标准化流程，包括干气管道内腐蚀直接评价（Internal Corrosion Direct Assessment Methodology for Pipelines Carrying Normally Dry Natural Gas，DG-ICDA）、湿气管道内腐蚀直接评价（Wet Gas Internal Corrosion Direct Assessment Methodology for Pipelines，WG-ICDA）、多相流管道内腐蚀直接评价（Multiphase Flow Internal Corrosion Direct Assessment Methodology for Pipelines，MP-ICDA）和液体石油管道内腐蚀直接评价（Internal Corrosion Direct Assessment Methodology for Liquid Petroleum Pipelines，LP-ICDA）。ICDA 的基础是对管道易产生积液的管段进行详细的检查，根据预评价阶段收集的基础数据，间接评价阶段确定管道的腐蚀敏感段及开挖点。直接评价阶段验证了间接评价的计算结果，后评价阶段则对整个评价过程进行有效性评价，确定再评价时间间隔并分析腐蚀原因。

DG-ICDA 适用于输送介质为干气和短期内波动期间出现液态水（或其他电解质）的天然气管道，可保证管道的完整性。DG-ICDA 的根本目的是：（1）提高天然气管道内腐蚀评价的水平；（2）保证管道的完整性。

DG-ICDA 的原理是对管道中最有可能或最先积聚水或其他电解质溶液段进行详细检查。若一段管道最易积水的位置没有被腐蚀，那么在相同运行条件下，其他管段不易积水的位置则可以被认为没有被腐蚀。DG-ICDA 可对无法采用在线检测等方法的管段开展评价，但仍存在局限性：

（1）DG-ICDA 仅局限于干气管道。若在评价过程中，管道中出现了较多的腐蚀，这表明输送的气体不是干燥的，DG-ICDA 将不再适用；

（2）无法对每种特定的状况都指明具体做法；

（3）其限定条件在预评估阶段指出。

DG-ICDA 需要整合来自多个现场检查和管道内部表面评估的数据，包括管道的物理特性和运行历史。DG-ICDA 流程如图 4-1-1 所示。

DG-ICDA 包括预评估、间接评价、详细评价和后评估四个阶段。

（1）预评价：收集目标管道的设计参数和运行数据，确定 DG-ICDA 是否可行，然后定义 ICDA 区域。需要收集的数据类型通常可以从设计和施工记录、操作和维护历史、校准表、腐蚀调查记录、气体和液体分析报告，以及先前完整性评估或维护行动的检查报告中获得。

（2）间接评价：包括多相流预测，建立管道高程剖面，以及确定管道可能存在内部腐蚀的位置。

（3）详细评价：包括挖掘管道对其进行详细检查，以确定是否发生了内部腐蚀造成的金属损失。

（4）后评价：包括分析从前三个步骤收集的数据，以评估 DG-ICDA 流程的有效性并确定再评价的时间间隔。

目前，国内基于 NACE 相关标准，建立了 SY/T 0087.2—2020《钢质管道及储罐腐蚀评价标准 第 2 部分：埋地钢质管道内腐蚀直接评价》等以间接检测为核心的腐蚀直接评价技术标准。但国内的直接评价标准尚未完全解决检测技术的规范性问题，其适用范围受限，评价指标可操作性还有待提升。依据标准 NACE SP0206—2006《干气管道内腐蚀直接评价标准》进行如下评价。

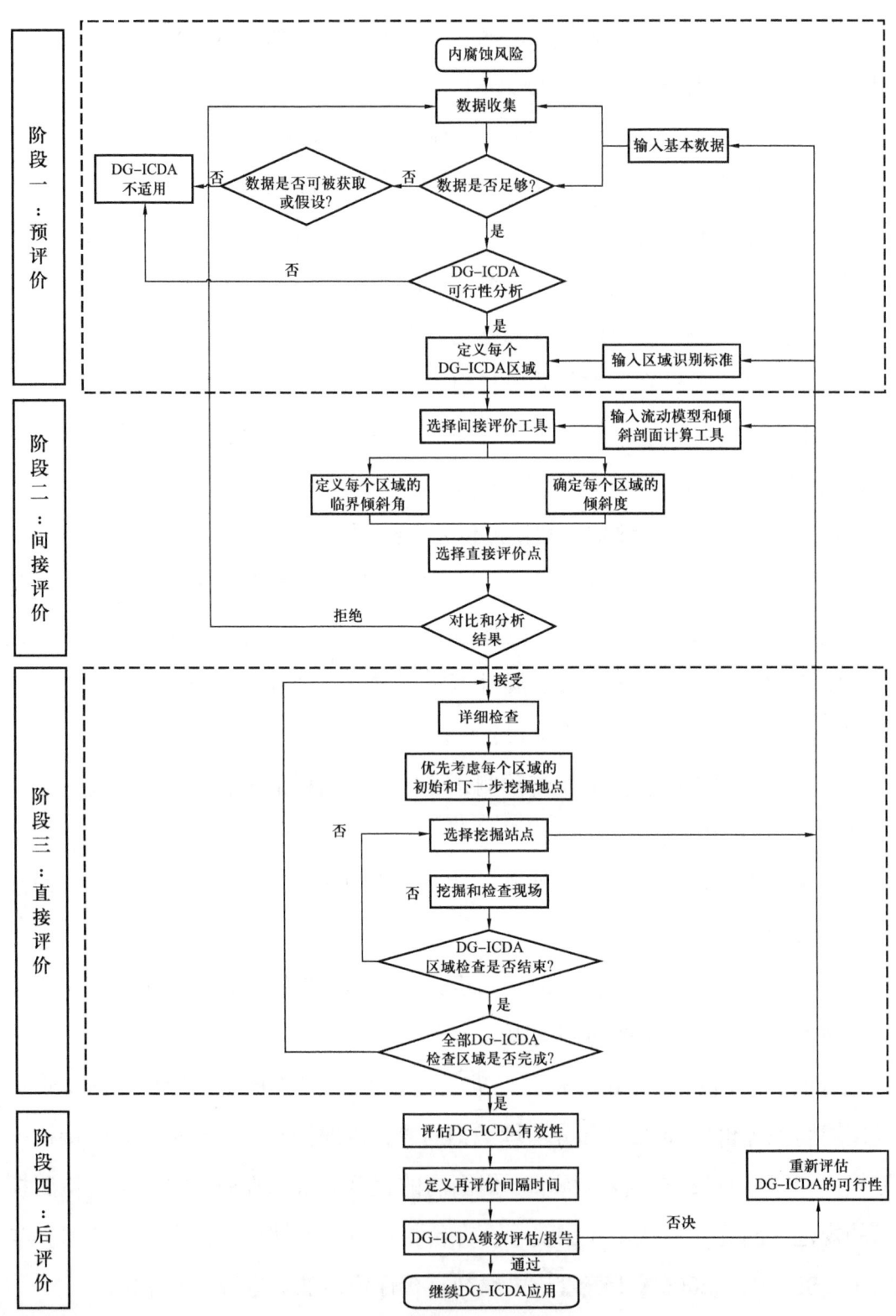

图 4-1-1　干气管道内腐蚀直接评价流程图

二、预评价

预评价的主要目的是明确被评价管道采用 DG-ICDA 是否可行，并且划分 DG-ICDA 区域。同时预评价应对管道运行过程中可能存在的腐蚀机理进行分析，对包含入口、集液器和其他附属设施的管段进行分析。收集的典型数据一般包括设计施工数据，如高程、走向、材质、设计压力、温度和微观结构数据，运行和维护历史、流速、管段中线、腐蚀记录、气体和液体分析报告数据，以及完整性评价前的检测报告和其他维护数据。

预评价主要包括数据收集、集成和分析，具体如下：

（1）收集和整理对管道内腐蚀评价有意义、有关联的关键历史数据和当前运行的关键数据；

（2）评价 DG-ICDA 的可行性；

（3）对 DG-ICDA 评价管段进行分区。

1. 数据收集

预评价阶段应收集历史和当前数据，以及每个待评估段的物理信息。预评价阶段应根据管道段的历史情况和目前的条件确定最低数据要求。此外，预评价阶段应识别对 DG-ICDA 过程成功至关重要的数据元素。应收集管道的施工参数、设计参数、管道整个生命周期内的历史运行数据、历史维修数据、当前数据，以及要评估的每个段的物理信息。应考虑影响 DG-ICDA 区域定义的所有参数。准确和完整的高程剖面、流量数据和压力历史对于预测液体滞留物的位置至关重要。

预评价阶段应收集的基本数据种类见表 4-1-1。

在预评估步骤中收集的数据通常包括总体管道风险评估中通常考虑的相同数据。根据管道完整性管理计划及其实施情况，操作员可以与外部腐蚀直接评估或其他风险评估工作一起进行。

当某一特定类别的数据不可用时，应使用基于操作员的经验或类似系统的信息的进行保守假设。这些假设的基础应记录下来。

表 4-1-1 DG-ICDA 方法所需的基本数据

种类	数据
运行历史	气体流向、服务类型、移除的支管孔、安装时间等的变化情况，确认管线是否输送过原油或其他液体产品
长度	出口/入口之间的距离
海拔剖面	地形数据，包括管线埋深；应注意设备是否有足够的准确性和精度
倾角特征	道路、河流、渠沟、阀门、集液等
管径和壁厚	管道公称直径和壁厚
压力	典型工况下的最小和最大运行压力
流速	包括了所有入口和出口在最大和最小运行压力下的最小、最大流速；特定的低流速无流动的时期由于生产波动、间歇性输气或设备启停等工况导致的低流速现象
温度	例如，除非存在特殊环境（如河流穿越、架空管道），压缩机放电时周围土壤温度可达 54 ℃
水蒸气	水蒸气露点信息
入口/出口	必须确定管道上当前和历史上的所有入口和出口的位置
缓蚀剂	加注化学剂类型和加注量的相关信息
扰动	发生异常的频率和异常的特点（间歇式或长期）；发生异常时流体的体积和流体特性
脱水方式	是否采用甲醇脱水
水压试验信息	水压试验用水水质
泄漏/失效	固体、异物的存在；管段修复和更换；前期检查；无损检测（NDE）数据；所有清管器的位置，清管频率和日期。清管器或液体分离器、凝水器清理出的淤泥和液体的分析数据。确定清出物的化学组成和腐蚀性及细菌是否存在的分析测试数据。泄漏/失效的位置和状态
气质	气、液分析及管道、收气和发气部分的细菌测试结果；管段位置与气质分析的关系
腐蚀监测	监测数据包括监测类型［如检查片、电阻（ER）线性极化（LPR）探针］、日期、相关监测位置和腐蚀速率记录/计算，数据准确性包括了所有无损检测的结果
内涂层	内涂层的位置和存在状况
其他内腐蚀数据	由实际情况确定

如果管道运营商确定某些 DG-ICDA 区域没有或无法收集到足够的数据来支持预评估步骤，则在能够获得足够的数据之前，DG-ICDA 无法使用。

2. DG-ICDA 可行性分析

预评价阶段应对收集的数据进行详细的检查，确定是否存在妨碍 DG-ICDA 应用的条件，以及是否有不能使用的间接检查工具。

DG-ICDA 方法的适用条件如下：

（1）管道通常应不包含任何液体（包括甲醇），不能应用在如原油或相关产品，湿气、多相（如天然气、水和原油）或其相关产品管道。

（2）不能应用在如原油或其相关产品的管道；对具有不连续内部保护涂层的管道，必须在未受保护的位置进行间接检查。

（3）如果历史数据表明管道顶部存在湿气（例如凝结水）的内部腐蚀，则 DG-ICDA 不适用，因为 DG-ICDA 不适用于检测管道顶部腐蚀。

（4）清管会影响液体可能聚集的区域，会直接影响内部腐蚀的分布，这是 DG-ICDA 无法预测的，可能导致 DG-ICDA 不适于定期清管的管道。

（5）缓蚀剂的使用可能会妨碍 DG-ICDA 的应用，因为缓蚀剂的有效性会沿管道长度出现不均匀的情况。

（6）应对管道内聚积的固体、泥质、生物膜、生物质和污垢等的影响进行详细评估，否则不宜使用 DG-ICDA 的标准进行评估，因为这些聚集物会影响 DG-ICDA 过程的有效性。

① 通过在多孔基质内或固体层下保留水来增加腐蚀。
② 通过吸湿性或潮水性吸引水来增加腐蚀。
③ 通过浓度单元的形成，即底层腐蚀来增加腐蚀。
④ 通过形成保护层来减少腐蚀。
⑤ 细菌影响改变腐蚀速率。

（7）DG-ICDA 假设沿管道段的材料性能一致。必须考虑如焊接类型、几何形状和材料缺陷等的差异，必须特别考虑 ER 焊接管上可能出现的选择性焊缝腐蚀（焊缝位于管底）。

3. DG-ICDA 区域的识别

预评价阶段应根据预评估步骤中收集的数据来定义 DG-ICDA 区域。

（1）DG-ICDA 区域是规定长度管道的一部分。规定长度是指管道上可能带入水的新入口之前的管体长度。

（2）在确定的 DG-ICDA 区域，该阶段应考虑温度、压力等参数的变化，在相关参数变化后，该段管道宜被分割为独立的 DG-ICDA 区域。

（3）入口变化也包括气流方向的改变。在存在双向流动史的情况下，应在每个流动方向上确定 DG-ICDA 区域，并且每个流动方向应单独处理。

① 每个流动方向均应被视为单独的 DG-ICDA 区域。

② 区域内任何点上的临界倾角必须基于该点上的局部压力和温度。

（4）输入的变化还包括新的气体流动方向。针对双向流，应确定各流动方向的 DG-ICDA 区域，并分别处理。

4. 完成详细检查

操作员可以用被评估的整个管道段长度的详细检查代替间接检查，即流量建模，以及优先位置的详细检查。在这种情况下，仍应遵循预评估和后评估步骤。

三、间接评价

DG-ICDA 间接检查的目的是：

（1）采用流动模型来预测每个 DG-ICDA 区域内最可能发生内腐蚀的位置。

（2）辨别最可能积液的位置，应用在层流管道中。在分层流动是主要液体输送机制的管道中适用。本节中讨论的模型是基于液态水的流动，忽略水蒸气凝结。

DG-ICDA 间接检查步骤应包括每个 DG-ICDA 区域的以下各项内容：

（1）利用收集到的数据进行多相流计算，确定液体滞留物的临界倾角。

（2）生成管道倾斜轮廓。

（3）通过将流量计算结果与管道倾斜剖面相结合，确定可能存在内腐蚀的部位。

1. 流动建模计算

1）流动模型建模条件

操作员应使用每个确定的 DG-ICDA 区域的流量建模计算来预测积水的关键参数。任何适用于小液体体积的多相流建模方法都是可以接受的。简化流建模方法可适用于所有具有分层流的系统，流动模型应用条件如下：

（1）管道的公称直径在 0.1~1.2 m（4~48 in）。

（2）管道操作压力低于 7.6 MPa（1100 psi）。

2）临界倾角计算

临界倾角 θ 是利用 $\sin\theta$ 和气体惯性力与液体重力比值之间的关系，式（4-1-1）结合了模拟结果：

$$\theta = \arcsin\left(0.675\frac{\rho_\mathrm{g}}{\rho_\mathrm{l}-\rho_\mathrm{g}}\frac{V_\mathrm{g}^2}{gd_\mathrm{id}}\right)^{1.091} \quad (4-1-1)$$

式中 θ——临界倾角，（°）；

ρ_l——液体密度，kg/m^3；

ρ_g——气体密度（由总压和温度确定），kg/m^3；

g——重力加速度，m/s^2；

d_id——内径，m；

V_g——表观气速，m/s。

式中气体和液体密度的单位必须相同，速度、重力常数和直径的单位必须一致。操作员在这些计算中应考虑可压缩系数 Z，以及在气体密度测定中的任何非理想行为。预测临界倾角 θ 需要确定气体密度，确定气体密度时应考虑气体的非理想状态，因此应考虑气体压缩因子 Z：

$$Z = \frac{pV}{nRT} \tag{4-1-2}$$

式中 Z——气体压缩因子;

p——压力,Pa;

V——体积,m³;

n——摩尔数,mol;

R——气体常数,J/(mol·K);

T——绝对温度,K。

采用范德瓦尔斯方程来模拟非理想气体的非线性行为:

$$\left(p + \frac{an^2}{V^2}\right)(V - nb) = RT \tag{4-1-3}$$

式中 a,b——管输气体的临界常数。

使用压缩系数 Z 和范德瓦尔斯方程计算出的表面速度 V_g、临界倾角 θ 可能会有所不同。

对于 DG-ICDA 的流量计算,操作人员应使用管道在其运行历史中的工艺参数,即压力、温度和表面气体速度组合所产生的最大临界倾角。若能使用历史流动数据来确定临界倾角,就不再使用历史工艺参数计算出的最高临界倾角。

若收集的数据包括管道历史介质轮流速范围,操作员应使用流量建模或等效方法评估该流速范围的重要性。对于后续的 DG-ICDA 流程,操作员应确定其是否最适用于所有历史数据或仅适用于上次评估时的数据。

临界倾角在 DG-ICDA 区域内通常是根据距离绘制的。例如,沿管道的内径和速度的变化会使得临界倾角发生变化,操作员应经常计算临界角。

2. 倾斜剖面计算

倾角剖面由每个 DG-ICDA 区域检查后的多套数据点组合而成,并由式(4-1-4)计算。操作员应使用每个已确定的 DG-ICDA 区域的流量计算模型来预测积水。

$$\theta = \arcsin\left[\frac{\Delta(\text{高程})}{\Delta(\text{距离})}\right] \quad (4-1-4)$$

每隔一定间隔就要测量一下管道的高程，测量的最小间隔取决于被评估的管段、地形和其他因素。高程测量必须在所有相关倾角曲线变化的间隔内进行。最小间隔取决于正在评估的特定管道、地形和其他特征。

3. 确定可能发生内腐蚀位置

将流动模型结果与管道倾斜曲线相结合，从而确定可能存在内腐蚀的位置。同时，应考虑道路交叉口、河流、排水沟和其他位置的倾斜角，通常在管道上坡段底部会出现积水。管道操作人员应根据临界倾角计算结果与高程剖面结果进行综合性的判断，从而确定可能发生液体滞留的内部腐蚀位置。如果管道中流体曾双向流动过，其相反方向的倾角应被划为单独的 DG-ICDA 区域，并且每个方向都应被单独分开处理。

对于每个 DG-ICDA 区域，操作人员应比较管道倾角和流动模型计算出的最大临界倾角。若所有的管道倾角都小于临界倾角，此时应在 DG-ICDA 区域内选择最大倾角的位置。

最后应评估间接检查的结果，当 DG-ICDA 流程需要时，应收集其他数据并重复分析。

四、直接评价

1. 直接评价目的及内容

DG-ICDA 详细检查的目的是：（1）确认在前序步骤选定的位置是否存在内腐蚀；（2）采用检查结果评估 DG-ICDA 区域的整体情况。

详细的直接检查内容主要为检查最有可能发生内部腐蚀的位置和特征。直接评价阶段的工作步骤主要包括：

（1）重点检查最可能发生内腐蚀的位置和有内腐蚀特征的位置；

（2）采用开挖和后续检查以充分识别并确定管道内腐蚀的特性。

在详细的检查步骤中，可能会发现内部腐蚀以外的，如外部腐蚀、机械损伤和SCC等缺陷，必须考虑采用其他方法来评估这种缺陷类型的影响。

2. 直接评价检查流程

必须从管道倾角大于临界倾角的区域开始向下游进行检查，结束评估的条件是必须发现两个连续的位置点都没有内腐蚀。针对管道倾角大于临界倾角的区域，可从下面3个检测位置来验证评估结果：

（1）如果发现腐蚀，选择下游位置的下一个最大倾角位置进行检测；

（2）如果没有发现腐蚀，增加一个位置（下一个最大倾角点）进行检测；

（3）在DG-ICDA起始点和第一个检测点之间至少有两个检测点。

若检测点管段出现腐蚀，判断管道严重内腐蚀的标准是：

（1）管道壁厚小于管道的最小公称壁厚，则可认为管道发生了严重的内腐蚀；

（2）针对发生显著内腐蚀的管道还可进行专项分析以制定判别准则。专项分析可包括对金属损失和管道使用年限的分析。

开挖后，选择检测管道缺陷的无损检测方法时必须慎重。所选择的检测方法必须能够给出确切的管道剩余壁厚。管道开挖后，检测人员可安装腐蚀监测设备，如失重挂片、电子探针、超声波传感器或电阻阵列等，帮助检测人员确定检测周期和最可能内腐蚀位置。因为DG-ICDA预测上游段较下游更易发生腐蚀，因此对上游段的完整性查证结果可经推导后用于管道的下游。

五、后评价

后评价的目的是评价DG-ICDA的有效性和确定再评价周期。如果在详细的检查过程中发现了明显的内部腐蚀，应确定内部腐蚀的根本原因。

1. DG-ICDA的有效性评价

DG-ICDA的有效性由已检测到的腐蚀和预测位置的一致性来确定。如果整个管道都普遍存在腐蚀,或管道顶部发现腐蚀,对标准干气的假设应重新进行评估。

2.再评价周期确定

DG-ICDA 再评价周期可通过以下一种或多种方法来确定:

(1)以一个可描述的频率来确定重新检测段的腐蚀发展速率。

(2)在流体模型预测出的凝结水形成部位或其他有代表性的位置现场安装一种或多种腐蚀控制装置。

(3)应用基于操作条件、气体质量、液体组分和其他关键因素建立的腐蚀速率模型来确定再评价周期。

第二节 长距离输气管道外腐蚀直接评价方法

一、外腐蚀直接评价方法原理

管道外腐蚀是威胁管道完整性的主要原因之一,有效地控制腐蚀建立在有效的评价方法上。外腐蚀直接评价(Pipeline External Corrosion Direct Assessment,ECDA)是一个结构化的过程,旨在通过评价减少外腐蚀对管道完整性的影响来提高安全性。目前,美国腐蚀工程师协会制定了关于陆地埋地钢制管道外的腐蚀直接评价方法 NACE SP0502—2010《管道外腐蚀直接评价方法》。ECDA 可以识别并处理已经发生、正在发生和即将发生腐蚀的管道位置,尤其适用于处理陆上埋地钢制管道,因此能够应用到长距离输气管道外腐蚀直接评价中。ECDA 一般采用常规检测手段,获得管道的腐蚀缺陷相关资料,其评价结果具有较大的参考价值。我国也制定了相关标准,如 GB/T 30582—2014《基于风险的埋地钢质管道外损伤检验与评价》和 SY/T 0087.1—2018《钢质管道及储罐腐蚀评价标准 第 1 部分:埋地钢质管道外腐蚀直接评价》。

ECDA 的优越性在于其不仅仅能确定已经发生腐蚀的管道缺陷位置,还能够确定管道将在哪里形成腐蚀缺陷，同时具有成本低、对管道条件要求不高、易于实施等优点。因此，ECDA能够改善管道安全性，其主要目的是预防未来可能形成的管道外部腐蚀缺陷。但ECDA也存在一定的局限性，并不能适用于所有陆上埋地管道，ECDA只适用于裸钢管道和防腐层完整性较差的管道。ECDA具体能够应用到：

（1）无法使用在线检测（ILI）或压力试验等方法的管道；

（2）已使用腐蚀监测方法检测过的管道；

（3）已使用其他再评价时间间隔方法检测过的管道；

（4）从未使用过控制腐蚀的其他检测方法的管道。

ECDA在检测管道过程中的主要检测对象包括管道包覆层、阴极防腐蚀系统、杂散电流排流系统、管道缺陷处、管道相关附属设施，以及管道周围环境。通过一系列检测手段对上述对象进行详细检测，可达到ECDA的主要目标。

（1）通过间接检测手段对管线包覆状况进行检测与评估，判断存在管线包覆缺陷或管线包覆性能较差的管段，评估管线包覆缺陷点管线的腐蚀活性；

（2）通过间接检测手段对阴极防蚀的有效性进行检测与评估，分析管线阴极防腐蚀异常的管段位置和导致异常的原因；

（3）通过间接检测手段对管线的交、直流干扰状况进行检测与评估，分析判断受杂散电流影响的管段位置及其影响程度和原因；

（4）通过开挖检查手段对管线包覆缺陷和管体腐蚀情况进行直接检测与评估；

（5）通过检测和操作化验等手段对管线周围环境的腐蚀性进行检测与评估。

外腐蚀直接评价与内腐蚀直接评价的方法步骤大致相同，同样主要包括预评价、间接评价、直接评价和后评价4个步骤，但每个步骤的具体实施有所不同。二者的主要区别为：内腐蚀直接评价是通过软件等模拟手段得到管道内易积水的位置，而外腐蚀直接评价是通过一系列外检测工具得到有腐蚀缺陷的区域。根据标准NACE SP0502—2010开展的评价流程，外腐蚀直接评价流程如图4-2-1所示。

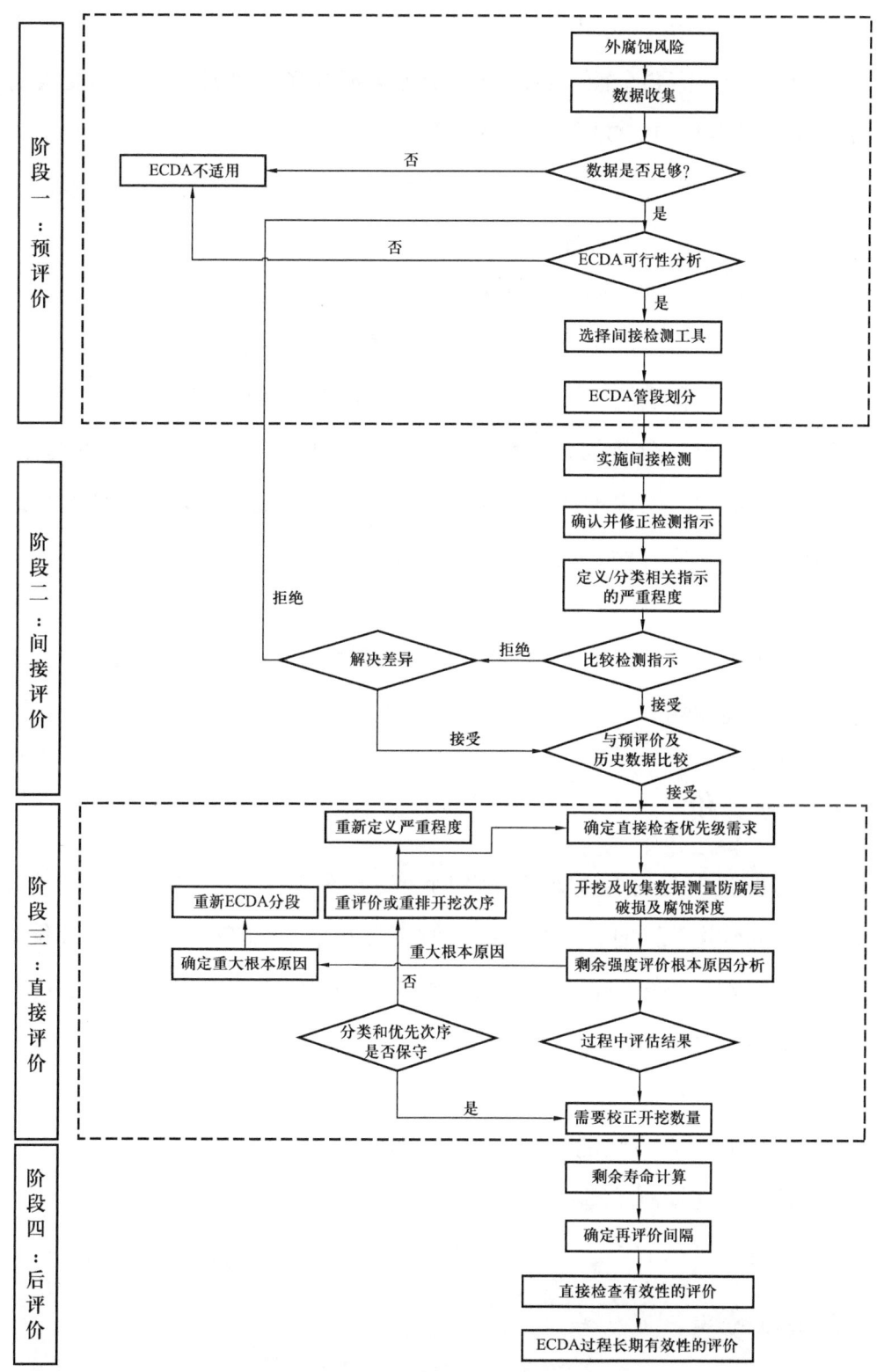

图 4-2-1　管道外腐蚀直接评价流程图

ECDA方法包括以下具体内容：

（1）预评价：需要全面收集和整理历史数据及当前数据以评估ECDA方法是否能够应用，划分ECDA区段并选择间接检测工具。数据以容易取得的类型为主，包括施工建设记录、运行和维修历史、调试记录、腐蚀测量记录、其他地面检测记录和过去完整性评价或维修工作的检测报告等。

（2）间接评价：确定防腐层缺陷的严重程度、其他异常、管道上已发生或可能正在发生腐蚀区段的地表检测。管道沿线环境有较大变化时，为提高检测可靠性，需在整个管道使用两种或更多种间接检测工具进行检测。

（3）直接评价：分析间接检测数据，以选择开挖和管道表面评价的位置。直接评价得到的数据与以前所得数据结合，可用来确定评价外部腐蚀对管道的影响。对管道防腐层性能、腐蚀缺陷修复和防腐蚀措施的评价也包含在这一步骤内。

（4）后评价：分析以上三步所得数据来评估ECDA方法的有效性，并确定再次评价的时间间隔。

二、预评价

预评价的目的是对ECDA方法进行可行性分析，确定是否能够将其应用到将要评价的管道。同时，选择间接检测工具并划分ECDA区段。预评价阶段需要收集和整理足够多的相关参数并进行综合分析，进行的过程必须系统和完整，预评价步骤分为四步：

（1）数据收集；

（2）评价ECDA方法的可行性；

（3）选择间接检测工具；

（4）确定ECDA区段。

1. 数据收集

该阶段需要收集被评价管道的历史数据、当前数据和管道基本信息，确定成功进行ECDA的关键数据。首次应用ECDA的区段，所有影响间接检测工具选择和ECDA区段划分的影响因素都应考虑在内。收集的信息应包括管道信息、管道埋设、土壤/环境、腐蚀控制和操作数据5个方面，收集的数据与内腐蚀直接评价类似。

2. ECDA可行性评价

由于ECDA并非适用于所有管道，故该阶段应对收集的数据进行整理和分析，确定该条件下是否能够使用ECDA。当出现以下情况时，不能使用ECDA方法：

（1）缺乏充足的必要数据或者数据难以补充；

（2）缺乏间接检测工具，如在沥青、结冻或混凝土地面无法地上测量，在大石头或碎石回填区域无法测量，附近有金属结构干扰区域，涂层缺陷导致电屏蔽部位等区域均无法测量；

（3）无法直接检查，如管道不可接近或开挖等。

当ECDA不适用时，可改用其他完整性检测，如内检测、水压试验等，或者改造管道、调整结构使之适应ECDA。例如，沿管线中不能使用间接检测方法的部位，可改用其他方法来评价这个部位，仍可应用ECDA方法。如果沿管道外部条件不能使用间接检测方法或其他完整性评价方法，则ECDA方法不能应用。

3. 间接检测工具的选择

间接检测工具的选择极为重要，选择的原则是在该管道和环境条件下，选择的工具能否可靠地检测腐蚀和防腐层的缺陷，同时所选的检测工具应当互补。间接检测方法主要包括：密间距电位测量法、电压梯度法、皮尔逊法和电流衰减检测法，这四种方法均不适用于非磁性材料。

密间距电位测量法利用管地电位变化判断管线异常处，可确保管线受到充分的保护。在管线包覆受损状态下，密间距电位测量法可持续降低管线腐蚀的速率，且通过检测数据，可更准确判断管线腐蚀缺陷情况，目前为国内重要的检测方法之一。

选择的管线检测技术应满足以下要求：

（1）能够准确确定缺陷位置和大小；

（2）能够指明是否正在发生腐蚀；

（3）能够单独给出没有主观推测的解释结果；

（4）在复杂条件下，如针对密集的管线系统或与其他金属结构平行和存在交直流杂散电流干扰时，检测结果可靠；

（5）检测结果的可重复性高；

（6）可生成测量记录。

4. 确定ECDA区段

将管道划分成若干ECDA区，同区段采用相同工具和准则。划分ECDA区段的原则可依据但不局限于以下原则：

（1）有相同管道物理特性、环境特性和运行特性；

（2）有相似腐蚀历史及相似的对外部腐蚀的影响因素；

（3）可以使用相同的间接检测工具。

其中值得注意的是：（1）应对管道中所有管段划分为ECDA区；（2）ECDA区无须连续，如河流穿越处两边条件相似的管道可划分为同一区（穿越段除外）；（3）分区边界应根据ECDA结果进行修改和细化调整。

所谓ECDA管段是具有相似物理特性和操作记录并且可使用相同的地面检测工具的一段或几段管道。划分ECDA管段的目的是为了使各具特性的不同管段都得到最准确的检测与评价。划分ECDA管段时需要考虑管道原始物理特性、管道施工因素、运行中发现的问题、地面检测方法、管段的重要性、自然地理位置、地貌环境特点、土壤类别、采用的外防腐措施和杂散电流情况等因素。

三、间接评价

间接评价的目的是通过地面检测方法,确定出防腐层缺陷,其他的管道异常严重程度,以及腐蚀活动已经发生和可能正在发生的区域。间接检测需要对预评价中所建立的每个 ECDA 区段进行间接检测,并对所采集的检测数据进行排列和比较。其中,对任一 ECDA 区段都要实施两种以上的间接检测方法。

间接检测阶段的主要工作包括防腐层缺陷检测、腐蚀活性测试、阴极保护有效性检测、交直流干扰检测、土壤腐蚀性调查,以及其他异常检测和结果分析。为确保结果的可靠性,尤其是需检测的管道是首次应用 ECDA 方法时,采样间隔应足够小,检测时间应当尽可能紧凑。

得到间接检测数据后,确认并整理数据给出的指示。对每个指示的严重性进行分类,可分为轻微、中等和严重 3 个等级。确认与分类好的检测指示应和检测结果进行比较,确保所指示的情况一致。

四、直接评价

直接评价的目的是确定间接检测结果中最为严重的指示,并收集数据来评价管道上的金属腐蚀活性。直接评价需要对上一阶段评价结果的指示中最为严重的管段进行开挖并暴露管道表面,以便对管道和环境进行检查。其中,若预评价和间接评价结果显示评价的管道无严重的指示,也需要对管道至少开挖一次。

直接评价除了检验间接评价中的结果外,还可发现除外部腐蚀外的其他缺陷。当发现机械损伤和应力腐蚀开裂这些缺陷时,就必须考虑其他方法来评价这些缺陷的影响。直接评价的步骤包括以下内容:

(1)对间接评价所得的指示开挖位置,确定其直接评价的先后次序(优先次序);

(2)在最可能出现腐蚀缺陷的区域开挖并采集数据;

(3)测量防腐层的损伤与腐蚀缺陷;

（4）评价"严重"级别的腐蚀缺陷的剩余强度；

（5）分析发现的腐蚀缺陷的形成原因；

（6）得出直接评价结论。

从直接评价工作内容可以看出，该阶段的检测工作主要是对防腐层损伤、管道腐蚀缺陷和缺陷剩余强度进行检测。其中，防腐层损伤检测主要内容包括：

（1）检测防腐层类型、外观、剩余厚度、破损形式、裂纹等；

（2）检查管道与防腐层的黏结力；

（3）测量管道周围环境的地下水pH值；

（4）将防腐层的样品进行实验室检测。

管道腐蚀缺陷检测主要内容包括：

（1）检查管道表面是否存在腐蚀；

（2）检查管道表面产物的形貌、颜色、结构、致密性及分布；

（3）除去管道表面的腐蚀产物后，观察腐蚀缺陷的形状、位置，测量腐蚀缺陷的几何尺寸，包括其深度、长度和宽度；

（4）对腐蚀产物进行材料表征技术分析，如扫描电子显微术（Scanning Electron Microscope，SEM）、能量色散X射线光谱分析（Energy Dispersive X-ray Spectroscopy，EDS）和X射线衍射分析（X-ray Diffraction Analysis，XRD）。

通过腐蚀缺陷的几何尺寸计算缺陷处的剩余强度，若计算的剩余强度低于管道可接受程度，则需要修理或更换该管段。若直接评价结果和间接评价结果之间严重不符，则应按照直接评价结果修正间接评价的结果。

五、后评价

后评价的目的是对进行ECDA评价的区段，确定再次进行ECDA评价的时间周期和本次评价过程的整体有效性。后评价步骤包括以下内容：

（1）根本原因分析；

（2）确定减缓措施；

（3）重新排定优先次序；

（4）剩余寿命计算；

（5）再评价周期的确定；

（6）ECDA 有效性评价；

（7）反馈和持续改善 ECDA 方法。

采用合理的工程实践方法估算最大残余缺陷的剩余寿命，而再评价周期同内腐蚀相同，最大再评价周期应取剩余寿命的一半。

第三节　长距离输气管道应力腐蚀开裂直接评价方法

一、应力腐蚀开裂直接评价方法原理

美国腐蚀工程师协会制定了标准 NACE SP0204—2015《应力腐蚀开裂直接评价方法》，我国也制定了相似的标准 GB/T 36676—2018《埋地钢质管道应力腐蚀开裂（SCC）外检测方法》和 SY/T 0087.4—2016《钢质管道及储罐腐蚀评价标准　第 5 部分：油气管道腐蚀数据综合分析》。SCCDA 根据此类标准开展其评价流程。与 ICDA 和 ECDA 相同，SCCDA 方法包括预评价、间接评价、直接评价和后评价 4 个步骤，SCCDA 方法的流程如图 4-3-1 所示，并根据标准 NACE SP0204—2015 开展评价流程。

二、预评价

预评价的目的是收集并分析历史和当前的数据，以优先考虑可能易受影响的管段，并能够在这些管段内选择具体的挖掘地点。预评价步骤包括：（1）敏感段的数据收集和优先排序；（2）初步确定开挖地点，为后续间接评价和直接评价提供一个坚实的基础。同 ICDA 和 ECDA 一样，SCCDA 的预评价阶段应收集待评价管道的历史数据、当前数据及物理信息，通过收集管道数据（管道材料、外径、壁厚、最小屈服强度和防腐层厚度等），以确定管道易发生应力腐蚀开裂的位置，便于确定开挖的优先次序。

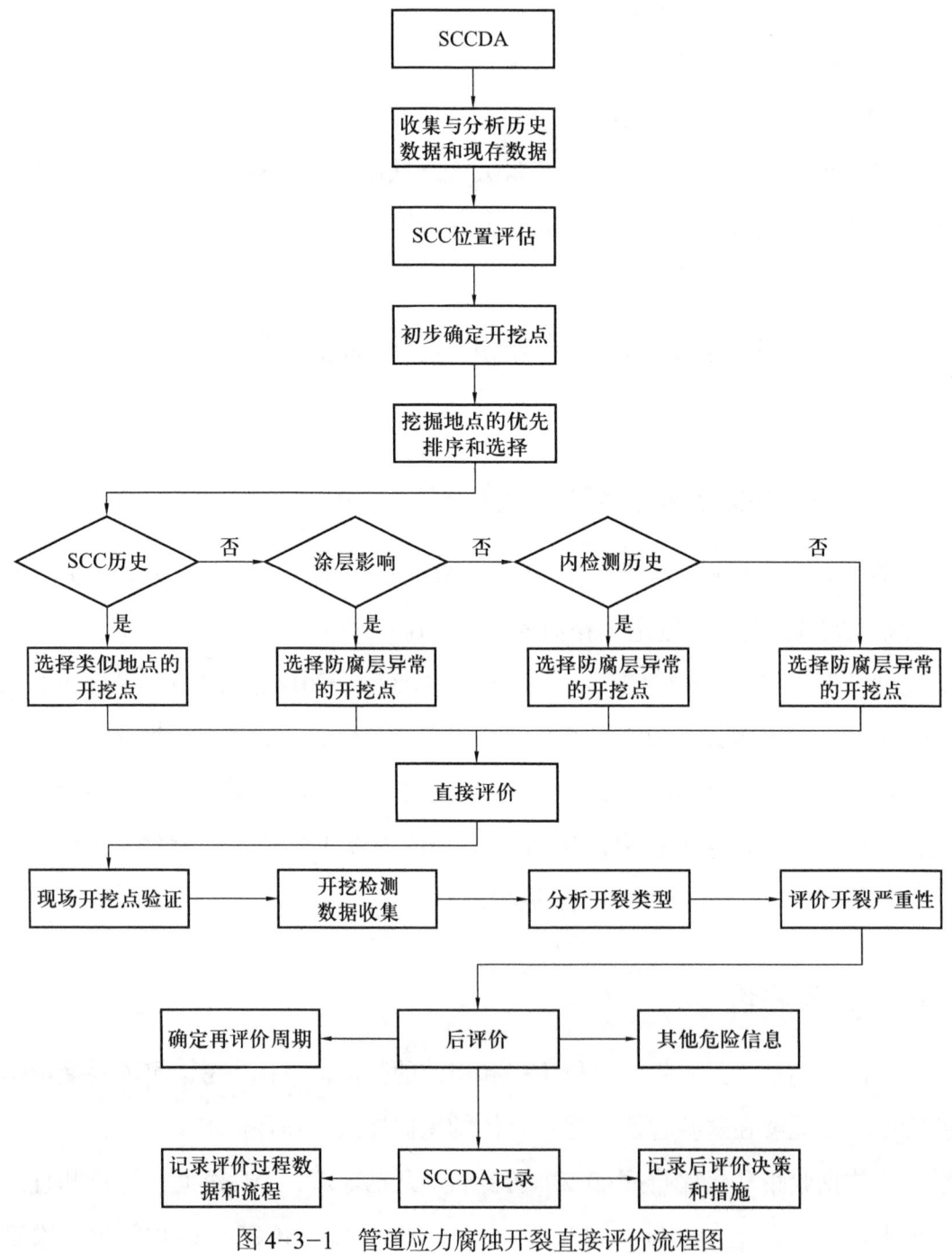

图 4-3-1 管道应力腐蚀开裂直接评价流程图

对于 SCCDA，若满足以下条件，则可以认为该管段发生了应力腐蚀开裂：

（1）管段运行超过 10 年；

（2）防腐层不是非熔结环氧粉末（Fusion Bonded Epoxy，FBE）或液体环氧树脂；

（3）管段应力超过管段允许的最小屈服强度。

同时，应考虑高 pH 值造成的应力腐蚀开裂，若符合以下敏感性条件，则可被视为高 pH 应力腐蚀开裂的敏感区域：（1）管段运行温度超过 38 ℃；（2）管段距压缩机站下游 32 km 的范围内。若符合上述条件之一或管段曾经发生过应力腐蚀开裂事故，则认为该管段是应力腐蚀开裂敏感区域。

预评价收集的数据中应包括影响应力腐蚀开裂的因素，其主要考虑因素主要可分为以下 5 个部分：

（1）管道相关因素：管道等级、直径、壁厚、生产日期、焊缝类型、管道表面处理技术、涂覆层类型、硬点等。

（2）管道建设因素：敷设时间、建设方式、防腐层表面处理、防腐层类型、套管位置、弯管位置、凹陷位置等。

（3）管道环境因素：土壤特性、土壤渗透率、地形、地下水、土壤 CO_2 含量、环境状况过渡区等。

（4）腐蚀控制因素：阴极保护及其屏蔽、阴极保护维修史、未实施阴极保护、密集间隔测量、涂覆层损坏、防腐层情况等。

（5）管道操作因素：运行温度及压力、压力波动类型、管道破裂历史、直接检测或修复历史、静水压实验、管道清管的内检测数据、金属损失内检测数据等。

三、间接评价

间接评价阶段应进一步补充预评价的数据，确定应力腐蚀开裂敏感段的优先顺序并选择具体直接评价的位置。其中，此阶段收集的数据性质取决于预评价阶段收集的数据范围。间接评价阶段收集数据包括密间距电位测量数据、涂覆层损坏数据和凹痕、弯曲的位置。

四、直接评价

该阶段应对选择的开挖位置进行开挖检测，评估开挖位置应力腐蚀开裂的存在、范围、类型和严重程度。直接评价步骤包括以下内容：

（1）对预评价和间接评价选择的开挖点进行验证；

（2）现场开挖并进行数据采集；

（3）如果检测到应力腐蚀开裂，对开裂类型进行分析和记录；

（4）如果检测到应力腐蚀开裂，对开裂的严重程度进行评估和记录。

五、后评价

后评价优先考虑不能立即消除的应力腐蚀开裂缺陷的补救措施，确定再评价周期，并评估 SCCDA 方法的有效性。

第四节　ZL 管线内腐蚀直接评价案例分析

一、ZL 管线内腐蚀特点

ZL 管线于 2006 年 1 月 24 日投产，线路总长 77.1 km，沿线起伏较大，最大高程差约 400 m，管线走向示意图如图 4-4-1 所示。ZL 管线的管道直径为 508 mm，壁厚 6.4～9.5 mm，设计压力为 3.9 MPa，设计输气规模为 $5.03 \times 10^8 \, m^3/a$，管材选用 L320。ZL 输气干线采用三层 PE 外防腐层与阴极保护协同防腐方式。

ZL 管线因长期供气量较低，暂不具备管道内检测实施条件，无法掌握管道内的腐蚀状况。该管道采用非内检测手段的科学准确检测方式，分析并准确评估管道的内腐蚀状态，从而制定有效的内腐蚀预防及控制措施。阻止管道内腐蚀发生和进一步发展，从而保证管道安全，延长其使用寿命。

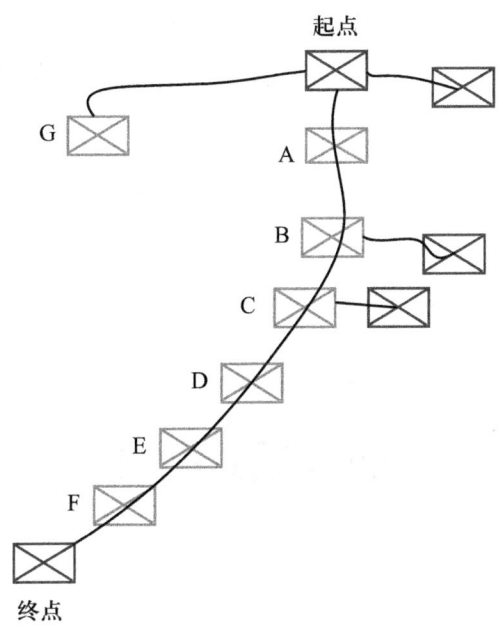

图 4-4-1　ZL 管线走向示意图

1. ZL 管线腐蚀产物特点

根据 ZL 管线现场情况，选取 2019 年 6 月 14 日和 2019 年 8 月 5 日的腐蚀产物对其宏观形貌和微观形貌表征进行分析，如图 4-4-2 所示。

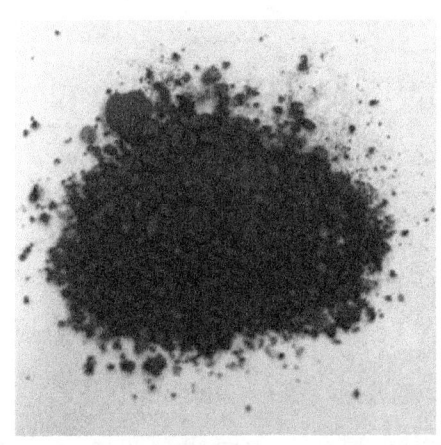

(a) ZL管线腐蚀产物(2019年6月14日)　　(b) ZL管线腐蚀产物(2019年8月5日)

图 4-4-2　ZL 管线不同时间段的腐蚀产物宏观形貌

采用 SEM 和 EDS 对 ZL 管线不同时间段的腐蚀产物进行形貌和成分分析，确定 ZL 管线腐蚀产物的主要元素是：Fe、O、C。

采用 XRD 对 ZL 管线不同时间段的腐蚀产物进行物相成分的测定，测试结果分析图像如图 4-4-3 所示，腐蚀产物样品成分为 Fe_3O_4、$FeCO_3$ 和 $FeO(OH)$，含 SiO_2。

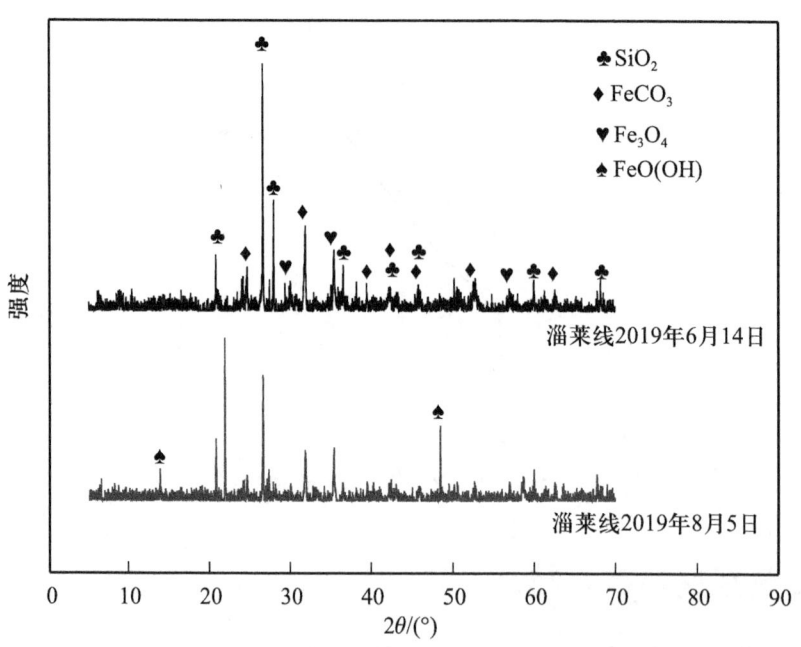

图 4-4-3　ZL 管线不同时间段腐蚀产物的 XRD 结果图

2. 管道本体上的腐蚀产物特点

2018 年 9 月在 ZL 管线中选取腐蚀情况不同的两处对其进行形貌分析和腐蚀产物物相表征分析。ZL 管线第 1 处腐蚀产物取自管道 6 点钟方向，样品宏观形貌如图 4-4-4（a）所示，总体呈浅褐色。微观形貌如图 4-4-4（b）所示，其表面凹凸不平，附有其他小颗粒。EDS 测试区域如图 4-4-4（c）所示。元素分布如图 4-4-4（d）所示，主要含 Fe、O、C，结合 XRD 测试结果如图 4-4-5 所示，腐蚀产物的主要成分为 Fe_3O_4 和 $FeO(OH)$。

结合上述分析，ZL 管线的腐蚀产物为浅褐色，主要成分为 Fe_3O_4、$FeCO_3$ 和 $FeO(OH)$，不含硫化物，含 SiO_2。

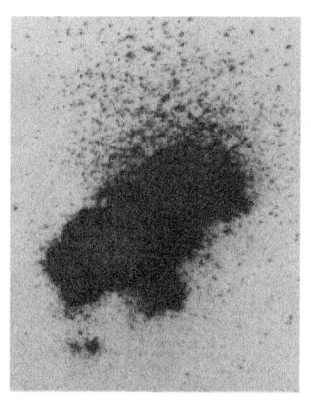
(a) 第1处腐蚀产物宏观形貌图

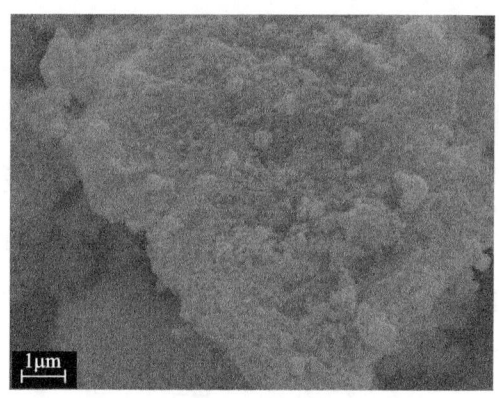
(b) 第1处腐蚀产物微观形貌图(SEM)

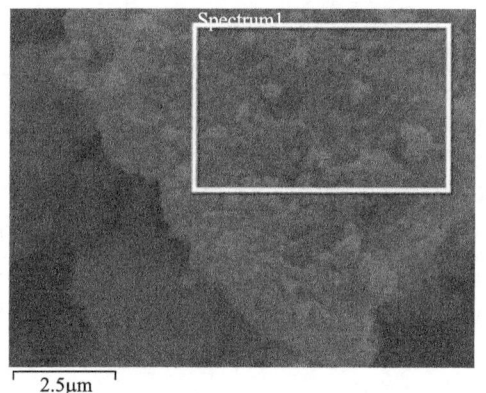
(c) 第1处腐蚀产物微观形貌图(EDS)

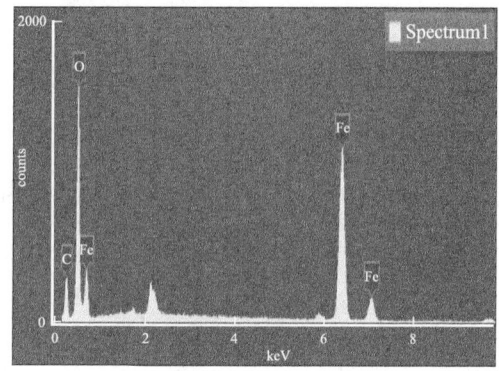
(d) 第1处腐蚀产物元素分布图

图 4-4-4 管道本体上的腐蚀产物分析

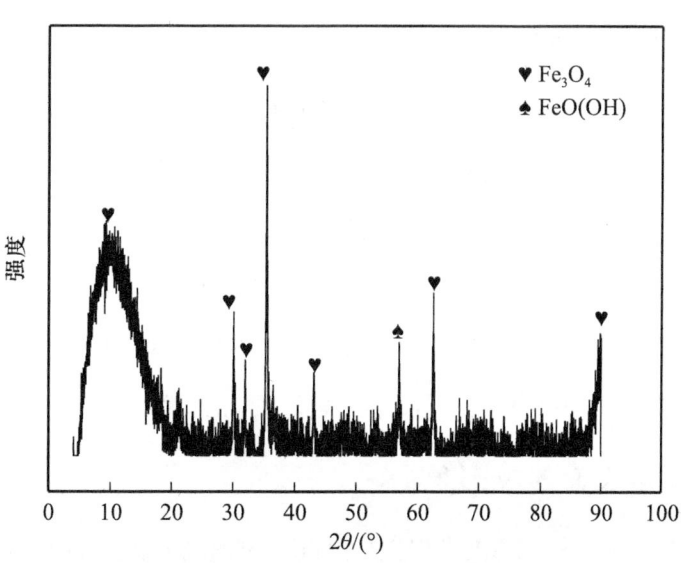

图 4-4-5 第 1 处腐蚀产物 XRD 结果图

二、ZL 管线内腐蚀直接评价

对 ZL 管线开展内腐蚀直接评价，进行管道内腐蚀环境模拟实验，研究内腐蚀发生的原因及不同腐蚀发展阶段的主控因素。对重点管段，即非连续管段累计 8.1 km 处开展非接触式磁应力检测脉冲磁差分检测技术（Pulse Magnetic Differential Testing，PMDT），从而制定有针对性的内腐蚀防控措施，给出完整性管理建议。

1. 内腐蚀环境模拟实验

根据现场情况及腐蚀产物分析结果，制定管道内腐蚀环境模拟方案见表 4-4-1。

表 4-4-1 管道内腐蚀环境模拟实验方案

评估管道	工况	日输量/m^3	压力/MPa	温度/℃	CO_2摩尔分数/%	O_2摩尔分数/%	材质
ZL 管线	1	3269	2.0	30	1.20	0.01	L320
	2	114 773					
	3	801 055					

1）失重腐蚀速率值

ZL 管线 L320 钢在不同输量下的均匀腐蚀速率值如图 4-4-6 所示。根据 NACE RP0775—2013 标准判断均匀腐蚀程度。日输量为 3269 m^3 时，均匀腐蚀速率为 0.053 1 mm/a，属于中度腐蚀。日输量为 114 773 m^3 时，均匀腐蚀速率为 0.179 7 mm/a，属于严重腐蚀。日输量为 801 055 m^3 时，均匀腐蚀速率为 0.302 21 mm/a，属于极严重腐蚀。随着流速增加，物质和电荷的传递速率加快，金属表面受到的冲蚀作用增强[1]，均匀腐蚀速率增大。

2）去膜前后表面宏观形貌

在不同输量实验下，L320 试样去膜前宏观形貌如图 4-4-7 所示。日输量为 3269 m^3 时，钢片表面有少量的腐蚀产物，其分散分布，产物膜薄，腐蚀较为轻微。日输量为 114 773 m³ 时，钢片表面产物呈黑色，其堆积较为致密，局部覆盖不均匀。当腐蚀速率增大时，表面堆积了更多的腐蚀产物。日输量为 801 055 m³ 时，钢片表面产物主要呈红褐色，其结构疏松多孔，存在较多局部凸起堆积现象。

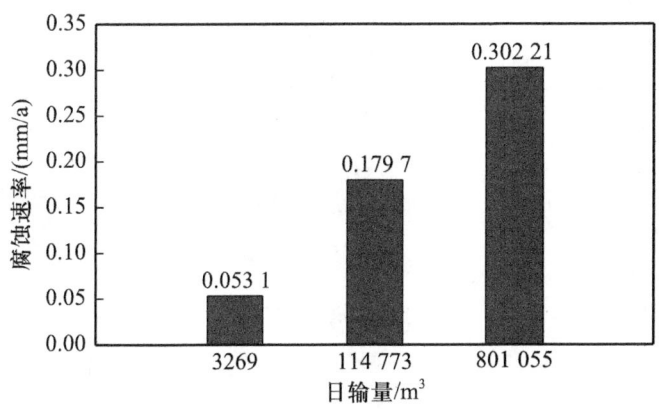

图 4-4-6　L320 在不同输量下的均匀腐蚀速率值

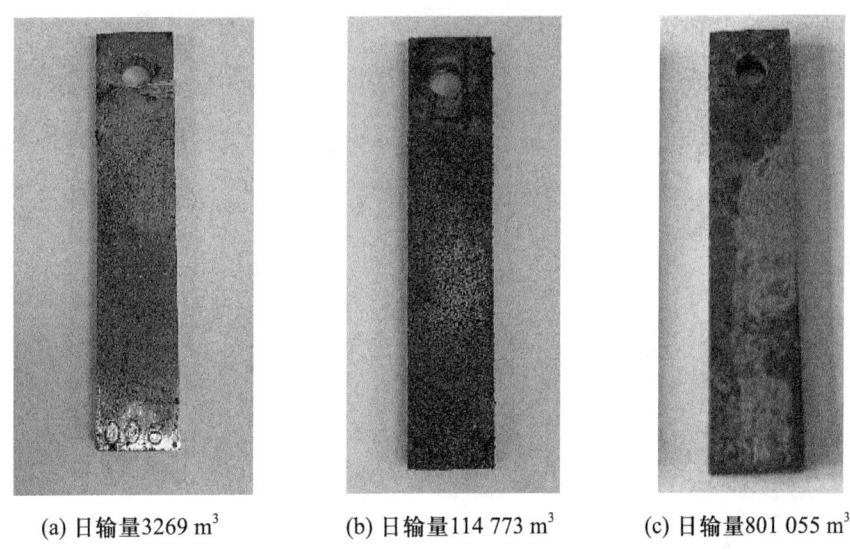

(a) 日输量 3269 m³　　(b) 日输量 114 773 m³　　(c) 日输量 801 055 m³

图 4-4-7　L320 试样在不同输量下去膜前的腐蚀形貌

L320 试样在不同输量下去膜后宏观形貌如图 4-4-8 所示。日输量为 3269 m³ 时，钢片表面较为平整，腐蚀较为轻微，无明显局部腐蚀坑。日输量为 114 773 m³ 时，钢片表面存在少量明显的局部腐蚀坑。日输量为 801 055 m³ 时，钢片表面存在少量明显的局部腐蚀坑和均匀腐蚀。

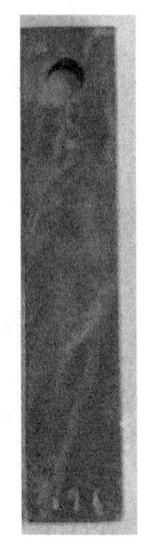

(a) 日输量3269 m³　　　(b) 日输量114 773 m³　　　(c) 日输量801 055 m³

图 4-4-8　L320 试样在不同输量下去膜后的腐蚀形貌

3) 腐蚀产物形貌分析

日输量为 3269 m³ 时，L320 试样腐蚀产物的表面微观形貌如图 4-4-9（a）所示。选择 A 区域进行能谱分析，如图 4-4-9（b）所示，A 区域的腐蚀产物元素组成比例见表 4-4-2。腐蚀产物为圆形颗粒且组织致密，附着性好，对基体具有一定程度的保护作用。基体表面趋于平整，能谱图显示腐蚀产物主要由 C、O、Si、Mn、Fe 等元素组成，且 Fe、O 原子比约为 1∶1。

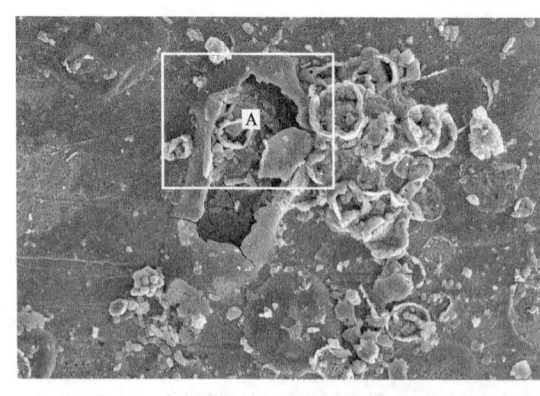
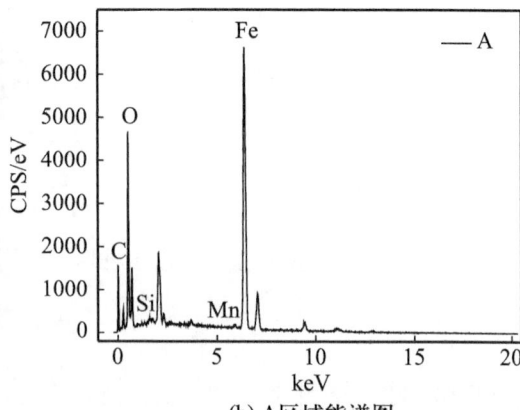

(a) 腐蚀产物的表面微观形貌　　　　(b) A 区域能谱图

图 4-4-9　L320 试样在日输量 3269 m³ 下腐蚀产物形貌和能谱测试结果

表 4-4-2　L320 试样在日输量 3269 m^3 下腐蚀产物元素比例

元素	C	O	Si	Mn	Fe	总量
质量分数 /%	5.94	18.31	0.29	0.78	74.68	100.00
原子百分含量 /%	16.45	48.11	0.35	0.46	34.63	100.00

日输量为 114 773 m^3 时，腐蚀产物的表面微观形貌如图 4-4-10（a）所示，选择 A 区域进行能谱分析，如图 4-4-10（b）所示，A 区域的腐蚀产物元素组成比例见表 4-4-3。腐蚀产物大多为圆形颗粒，较为均匀地分布在试样上，腐蚀较为严重，能谱图显示腐蚀产物 Fe、C、O 之比约为 1∶1∶3。

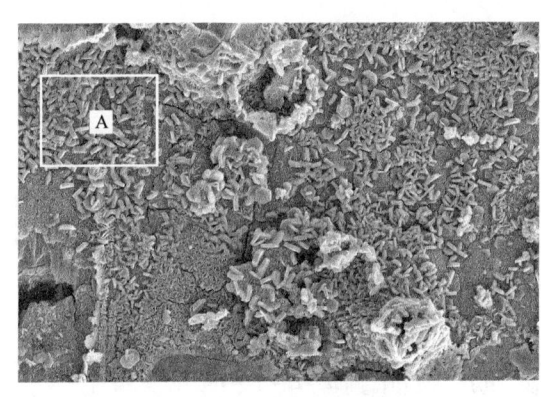

(a) 腐蚀产物的表面微观形貌　　　　(b) A 区域能谱图

图 4-4-10　L320 试样在日输量 114 773 m^3 下腐蚀产物形貌和能谱测试结果

表 4-4-3　L320 试样在日输量 114 773 m^3 下腐蚀产物元素比例

元素	C	O	Mn	Fe	总量
质量分数 /%	2.08	14.82	0.29	82.81	100.00
原子百分含量 /%	6.70	35.79	0.21	57.30	100.00

日输量为 801 055 m^3 时，腐蚀产物的表面微观形貌如图 4-4-11（a）所示，选择 A 区域进行能谱分析，如图 4-4-11（b）所示，A 区域的腐蚀产物元素组成比例见表 4-4-4。

腐蚀产物多呈圆形针状分布，试样表明管道内均存在一定程度的脱落。输气量越大，腐蚀情况越严重。能谱图显示腐蚀产物中 Fe、O 原子比约为 1∶1。

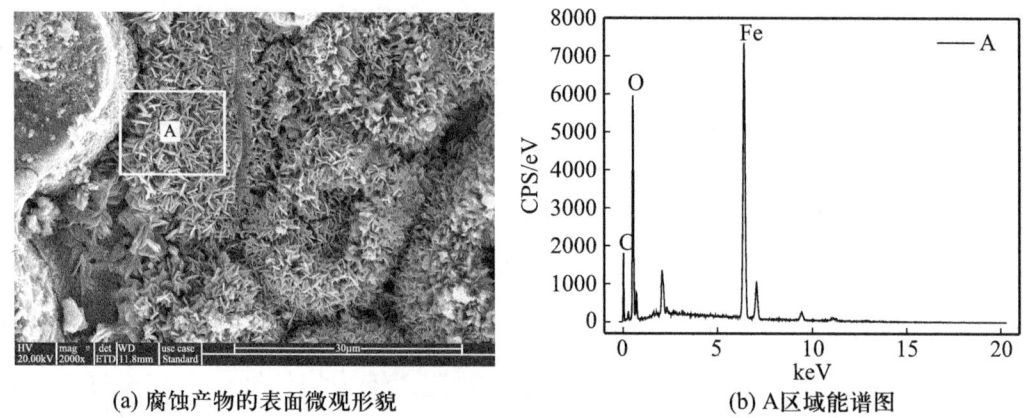

(a) 腐蚀产物的表面微观形貌　　　　　(b) A区域能谱图

图 4-4-11　L320 试样在日输量 801 055 m^3 下腐蚀产物形貌和能谱测试结果

表 4-4-4　**L320 试样在日输量 801 055 m^3 下腐蚀产物元素比例**

元素	C	O	Fe	总量
质量分数 /%	5.50	26.1	68.30	100.00
原子百分含量 /%	3.81	49.34	36.86	100.00

4）腐蚀产物成分分析

L320 试样在不同日输量情况下的腐蚀产物如图 4-4-12 所示，工况一、二、三分别代表 ZL 管线日输量为 3269 m^3、114 773 m^3、801 055 m^3 时的情况。

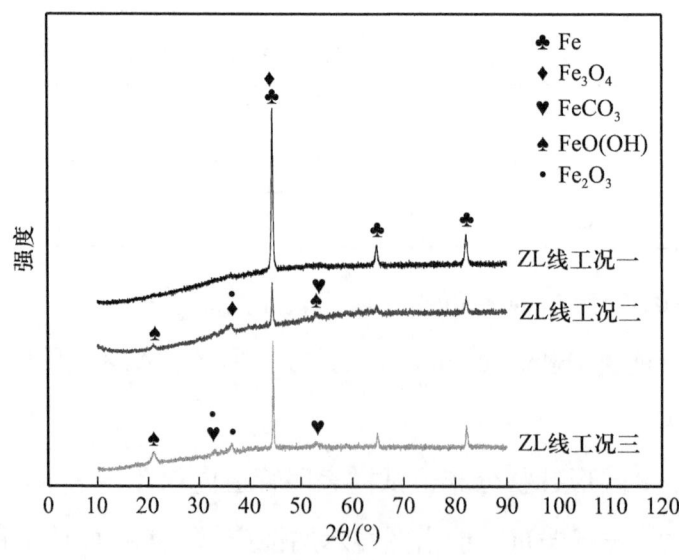

图 4-4-12　L320 在不同日输量情况下腐蚀产物的 XRD 结果图

由于 ZL 管线的管道介质中含有 CO_2 和 O_2，其腐蚀产物主要为铁的氧化物，即 FeOOH、Fe_2O_3、Fe_3O_4 和 $FeCO_3$。

5）腐蚀机理

在温度 30 ℃、总压 2.0 MPa、CO_2 含量 1.20%、O_2 含量 0.01% 的条件下，L320 钢的腐蚀机理如图 4-4-13 所示。综合 EDS 和 XRD 检测结果得知 CO_2/O_2 共存体系的腐蚀产物主要为 Fe_2O_3、FeOOH、$Fe(OH)_3$、Fe_3O_4 和 $FeCO_3$，并含少量结垢物。

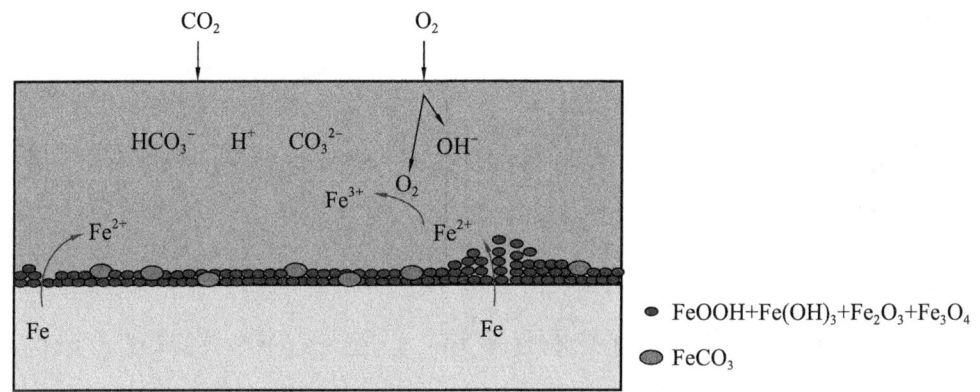

图 4-4-13　L320 钢在 CO_2/O_2 共存体系中的腐蚀机理示意图

体系中含有 CO_2 和 O_2，CO_2 属于酸性气体，溶于水后发生析氢腐蚀，而 O_2 属于强氧化剂，发生吸氧腐蚀[2]。相比于氢，O_2 还原电位正 1.229 V，因此通常吸氧腐蚀更易发生。在腐蚀的过程中，O_2 具有两个主要功能，一是为阴极反应提供新途径，如式（4-4-1）所示，有利于电化学腐蚀进行；另一方面，可以将 Fe^{2+} 氧化为 Fe^{3+} 氧化物，使得 Fe^{2+} 浓度下降，抑制了致密的 $FeCO_3$ 膜的形成，$FeCO_3$ 含量下降[3]。

O_2 直接参与阴极反应：

$$O_2+2H_2O+4e^- \longrightarrow 4OH^- \tag{4-4-1}$$

$Fe(OH)_2$ 化学性质非常不稳定，很容易被 O_2 氧化为 $Fe(OH)_3$，$Fe(OH)_3$ 进一步发生脱水反应即可生成 Fe_2O_3 和 FeOOH[4]，如式（4-4-2）至式（4-4-5）所示。

$$Fe^{2+}+2OH^- \longrightarrow Fe(OH)_2 \quad (4\text{-}4\text{-}2)$$

$$4Fe(OH)_2+O_2+2H_2O \longrightarrow 4Fe(OH)_3 \quad (4\text{-}4\text{-}3)$$

$$Fe(OH)_3 \longrightarrow FeOOH+H_2O \quad (4\text{-}4\text{-}4)$$

$$2Fe(OH)_3 \longrightarrow Fe_2O_3+3H_2O \quad (4\text{-}4\text{-}5)$$

根据 XRD 测试结果，腐蚀产物中含有少量的 Fe_3O_4，可由 FeOOH 与 Fe^{2+} 反应生成，如式 4-4-6 所示。此外，产物中同样含少量由模拟水中离子生成的结垢物。

$$Fe^{2+}+8FeOOH+2e^- \longrightarrow 3Fe_3O_4+4H_2O \quad (4\text{-}4\text{-}6)$$

根据腐蚀产物表面微观形貌，可知体系中 Fe 的高价氧化物整体结构疏松多孔、致密性较差，为介质和金属离子的交换提供了通道，无法对基体形成良好的保护作用[5]。此外，形貌结果还显示了产物膜表面有较多絮状堆积物，平整处产物与絮状堆积物结构存在明显差异。平整处产物结构致密，保护性更好，而絮状堆积物结构更为疏松、保护性较差，且堆积物的底层发生了严重的局部腐蚀，腐蚀产物膜结构的不均匀性为局部腐蚀提供了条件。可以推测，以絮状堆积物底的钢材基体为阳极，以平整处产物覆盖钢材为阴极，可以形成"小阳极大阴极"。

2. 非接触式磁应力检测

1）现场检测

非接触磁检测共计检测 7 个重点管段，检测里程共计 8.8 km。在检测过程中，对每条管段的检测起终点、标示桩、金属干扰物等做好相应的记录。

2）非接触式磁应力检测结果

根据检测管段的基本参数和现场勘察记录，在已检测的管段中一共发现了 8 处磁异常管段，见表 4-4-5。

表 4-4-5　ZL 检测管道磁异常管段位置

测试桩	磁异常编号	里程/m	磁场梯度/nT/m	磁异常综合指数 F	应力水平（相对于屈服强度）	磁异常等级	备注
1#	1	185	3000	0.82	14%	Ⅲ	应力集中
1#	2	453	5600	0.67	26%	Ⅲ	短管焊缝应力集中
1#	3	455	11 000	0.28	58%	Ⅱ	弯头焊缝应力集中
2#	4	180	3700	0.78	18%	Ⅲ	应力集中
2#	5	950	6600	0.62	30%	Ⅲ	应力集中
3#	6	1150	6000	0.65	28%	Ⅲ	应力集中
3#	7	1760	12 000	0.26	60%	Ⅱ	弯头焊缝应力集中
3#	8	2050	3300	0.8	16%	Ⅲ	弯头多处焊缝应力集中

根据磁检测结果进行磁异常管段分析，得到如下结论：

（1）ZL 管线非接触式磁应力检测中共发现Ⅱ级应力集中管段 2 处，Ⅲ级应力集中管段 6 处。Ⅱ级应力集中管段的磁异常综合指数 F 分别为 0.28 和 0.26，应力集中程度分别为管道屈服强度的 58% 和 60%。Ⅲ级应力集中管段的 F 范围为 0.62~0.82，应力水平范围为 14%~30%[6]。应力集中严重段主要分布于 1# 测试点和 3# 测试点附近。

（2）根据应力集中管段磁应力检测信号的特征分析发现，应力集中区域多为弯头的环焊缝位置，是威胁管道的潜在危险因素。

3. 完整性管理建议

根据天然气长输管道的内腐蚀评估结果，结合天然气长输管道完整性管理解决方案与现场工况条件，提出相应的运行维护管理建议：

（1）为获得更为准确的腐蚀速率检测结果，建议在模拟工况的条件下开展现场腐蚀挂片实验、腐蚀监测，进行腐蚀速率测定，从而提高间接检测腐蚀模型预测的准确性；

（2）根据完整性管理要求，完善工况参数、监测数据、测试数据、评价数据等，每季度定期进行对比分析；

（3）每月进行一次介质气相、液相的全组分分析，包括 CO_2 和 H_2O 等；

（4）对每次的清管产物进行测试与分析，如污物和水的总量、硫、铁离子含量等；

（5）建议对Ⅱ级应力集中管段进行开挖释放管道应力，并采取其他的无损检测手段，如 X 射线探伤、金属磁记忆检测和超声测厚等进一步检测。在确定开挖管道缺陷类型和安全状态后，制定具体的修复措施，如安装环氧套筒等。

（6）对 F 接近0.6的Ⅲ级应力集中管段，在无滑坡载荷和环境荷载增加的情况下，按照相关完整性管理规范要求监控使用管道。但同时需要对管道的位移变形、环境载荷、磁异常指数 F 等进行持续监测，并做好处理预案[7]。

参 考 文 献

[1] 赵国仙，吕祥鸿，韩勇.流速对P110钢腐蚀行为的影响[J].材料工程,2008(8): 5-8.

[2] 林学强.碳钢和低合金钢在含 O_2 高温高压 CO_2 油气田环境中腐蚀行为研究[D].北京：北京科技大学，2015.

[3] Qin M, He G, Liao K, et al. CO_2-O_2-SRB-Cl Multifactor Synergistic Corrosion in Shale Gas Pipelines at a Low Liquid Flow Rate[J]. Journal of Materials Engineering and Performance, 2022, 31（6）: 4820-4835.

[4] Leng J, Cheng Y, Liao K, et al. Synergistic effect of O_2-Cl-on localized corrosion failure of L245N pipeline in CO_2-O_2-Cl- environment[J]. Engineering Failure Analysis, 2022.

[5] 赵帅，廖柯熹，何国玺等. CO_2/O_2 环境下L320钢在不同流速下的腐蚀行为研究[J].材料保护，2022，55（1）: 95-101，141.

[6] Liao K, Leng J, He T, et al. A corrosion defect detection method for buried pipelines[J]. Corrosion and Protection, 2021, 42（2）: 52-55, 69.

[7] Liao K, Leng J, He T, et al. Magnetic external detection technology for stress concentration of buried oil and gas pipelines[J]. China Testing, 2019, 45（12）: 25-30, 55.

第五章 长距离输气管道腐蚀风险评价技术

基于第四章的内腐蚀直接评价方法，已确定管道内腐蚀程度，为认识管道腐蚀状况提供了重要数据参考，但腐蚀状况不足以评价管道的实际风险。同时，在长距离输气系统中，站场系统作为除管道系统之外的重要组成部分，同样面临着被腐蚀的问题。站场系统包含众多不同类型的设施设备，其与站外管道存在诸多差异，所适用的风险评价方法也各不相同。准确识别和选择合适的风险评价方法，对有效评估长距离输气管道中不同设施设备的腐蚀风险具有关键意义。进而能够制定针对性的防护和维护策略，确保整个长距离输气系统的安全稳定运行。本章概述了风险评价技术分类及其检验实施流程，论述了管道与站场风险评价方法，基于案例开展了长距离输气管道与沿线站场的风险评价。

第一节 风险评价概述

目前较为常见的管道风险评价技术主要包括国内的 GB 32167—2015《油气输送管道完整性管理规范》、Q/SY 1180.3—2014《管道完整性管理规范 第3部分：管道风险评价》、SY/T 6859—2020《油气输送管道风险评价导则》、SY/T 6891.1—2012《油气管道风险评价方法 第1部分：半定量评价法》和 SY/T 6891.2—2020《油气管道风险评价方法 第2部分：定量评价法》等。国外常见的评价技术包括英国的 BS PD 8010—3：2009+A1：2013《陆用钢管风险评估应用指南》和美国石油协会的 API RP 581《基于风险的检验》等。首先通过定性与定量的判别，将风险评价方法分为定性风险评价、半定量风险评价和定量风险评价。由于长距离输气管道包括沿线的站场阀室与长输管道，因此根据评价对象的区别也可以将风险评价方法分为站场内风险评价与长输管道风险评价。

涉及风险分析时，了解精确度与准确度之间的区别是非常重要的。准确度是分析方法、数据质量和实施过程一致性的函数，而精确度是所选计量单位制和计算方法的函数。用一个精确的数值表示的风险（如在定量分析中），意味着较之风险矩阵（如在定性分析中）而言具有更高水平的准确度。然而由于概率和后果评定中存在固有的不确定性因素，这里的精确度与准确度的关联可能不存在。预测损伤和损伤速率的基础、检验数据的置信水平和实施检验所使用的技术，都是宜考虑的因素。在实践中，往往会有许多外在的因素影响损伤速率、失效程度的估算，而这些因素在固定模式中都无法充分考虑。因此，以互补的方式，定量和定性方法相结合有利于进行最有效的且效率最高的评估。图 5-1-1 为基于风险的检验（Risk-Based Inspection，RBI）程序的简化流程框图。

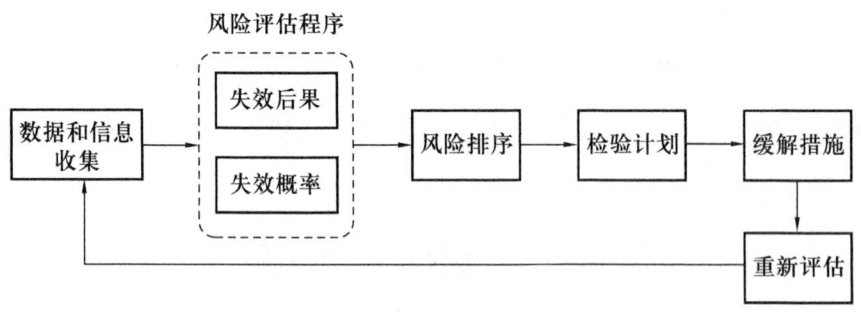

图 5-1-1　RBI 程序的简化流程框图

一、数据和信息收集

1. 定性所需数据

定性程度较高的方法通常并不需要 RBI 典型数据中提到的所有数据。况且，需要定性的项目仅需划分成粗略的范围，或按照一个参考基点进行分级。重要的是建立一系列规则以确保分级的一致性。

与定量程度较高的方法相比较，使用粗略范围数据的定性分析，通常要求用户具有更高水平的判断力、技能和理解力。因为其可能会在较宽范围的变化条件下评价环境，要求用户仔细考虑输入参数对风险结果的影响。因此，尽管定性方法比较简单，但由知识渊博和技能熟练的人员去实施定性RBI分析仍是十分重要的。

2. 半定量所需数据

半定量分析通常需要与定量分析同样的数据，但不必那么详细。例如，流体的量可以进行估算。尽管分析的精确度可能较差些，但是数据收集和分析所需的时间也较短。

3. 定量所需数据

定量分析采用逻辑模型描述能造成严重事故的事件组合，采用物理模型描述事故的演变和危险性材料向外界环境的传输。对两种模型进行概率评价可以提供关于风险水平的定性和定量认识，还可识别出与风险关系最为密切的设计、地点或操作特征。因此，全定量分析需要更为详细的信息和数据，以便为模型提供输入参数。

二、失效概率

失效概率（Probability of Failure，POF）是评估设备出现某种失效情况的概率，例如管道出现应力开裂、外腐蚀坑、第三方破坏和自然灾害等情况的概率。可依据具体情况，将失效概率的计算分为定性、半定量和定量。

三、失效后果

若长距离输气管道受到损伤，可能导致周围设备损坏、人员伤亡、生产中断和环境污染等严重后果。为准确评估潜在风险，需采用完善的后果分析技术，对事故影响进行定量化表征，包括影响范围和经济损失。关键后果分析内容包括爆炸与火灾影响，可燃气体扩散分析以及概率风险评估。爆炸、喷射火和蒸气云等事件可通过热辐射和超压对周边设备及人员造成破坏，需量化其影响范围，采用热辐射阈值模型和超压破坏准则，计算不同事故情景下安全距离。基于云团扩散模型，评估易燃气体泄漏扩散范围，确定人员暴露风险区域。结合事件树分析，评估不同事故演化路径的概率，并对后果进行概率加权，以提供更全面的风险量化结果。通过上述方法，可系统评估管道损伤的潜在影响，为安全管理、应急响应及风险防控提供科学依据。

四、风险排序

通过综合考虑失效概率和失效后果，风险排序就是确定风险的过程。风险排序可为制定准则、评估风险的可接受性提供指南，其工作流程可辅助制定、实施风险管理计划。

风险排序通过综合考虑失效概率与失效后果来确定风险。风险计算式（5-1-1）的一般形式如下：

$$风险 = 概率 \times 后果 \tag{5-1-1}$$

五、检验计划

检验可以管理风险，但检验并不能阻止或缓解损伤机理，且其本身也不能降低风险，但是通过有效检验获得的信息可以更好地量化实际风险。除非检验能够促成降低失效概率的风险缓解活动，否则检验活动不能避免压力设备即将发生的失效。检验有助于识别、监测与测量损伤机理。此外，在预测损害何时到达临界点方面，检验结果也是非常宝贵的考虑因素。正确使用检验手段能够提高操作人员预测损伤机理与劣化速率的能力。可预测性越好，预测失效可能发生的时间时不确定性越小。在预测的失效发生日期之前，即可规划与实施缓解措施，如修理、替换、改造等。通过检验实现的不确定性的降低、可预测性的增加，这些都可直接转化为对失效概率的较好估算，进而降低计算所得的风险值。然而，操作人员宜努力确保临时性检验备选方案代替更长久的风险降低措施实际有效。

上述内容并不意味着基于风险的检验计划与活动对监测劣化十分有效，总是能够降低与压力设备有关的风险。仅仅利用检验活动，有些损伤机理很难或不可能被监测到，例如可能导致脆性断裂的冶金性劣化、多种形式的应力腐蚀开裂、甚至疲劳等。短期的、突发事件导致的操作条件变化诱发的其他损伤机理，可能因发生太快而无法利用正常检验计划予以监测，无论是基于风险、基于条件或基于时间的。因此，需要制定与实施完整性操作窗口方面的综合性程序，同时在出现偏差时，需要与检验人员进行充分沟通。另外，在操作参数偏离已设定值时，还需要实施严格的变更管理程序。

通过检验实现风险缓解来降低不确定性的前提是，企业将根据检验结果及时采取措施。如果不去认真地分析所收集的检验数据，则无法实现风险缓解。检验数据的质量及其分析和解释，将极大地影响风险缓解的水平。因此，合适的检验方法和数据分析工具至关重要。

美国石油协会在《基于风险的检测技术》中给出了一些针对性的检测示例并划分了检验有效性等级，表 5-1-1 为外部腐蚀的检测示例。

表 5-1-1　外部腐蚀的检测示例

检验类别	检验有效性	检验
A	非常有效	必要时采用超声波、射线照相术或深度尺对裸露表面区域进行>95% 的目视检查
B	通常有效	必要时采用超声波、射线照相术或深度尺对裸露表面区域进行>60% 的目视检查
C	一般有效	必要时采用超声波、射线照相术或深度尺对裸露表面区域进行>30% 的目视检查
D	效果较差	必要时采用超声波、射线照相术或深度尺对裸露表面区域进行>5% 的目视检查
E	无效	采用了无效的检验技术或计划

六、缓解措施

检验往往能够有效降低管理风险，但检验不一定总是能够提供足够的风险缓解，或可能不是最具经济效益的方法。除了检验以外，还有以下四种风险缓解方法：

1. 设备更换与维修

当设备劣化达到某一程度，无法通过风险管理将失效风险降至可接受水平时，更换或维修通常就成了缓解风险的唯一方法。

2. 评估适用性缺陷

检验可能会发现设备缺陷，可执行适用性评估（例如 API 579-IASME_FFS-1）来确定设备是否可继续安全运行，以及运行的条件与持续时间。同理可利用适用性分析来确定，如果在未来检验中发现缺陷，多大程度的缺陷需要修理或更换设备。

3. 设备改造、重新设计与再定级

利用严格的变更管理程序进行设备改造与重新设计，可以缓解失效概率。这类缓解措施包括：

（1）更换保护性衬里与涂层；

（2）增加腐蚀裕量；

（3）重新选择泄压装置尺寸。

就相关的工艺条件来说，设备的设计有时过于保守。对管道再定级可能导致评估得出的失效概率降低。

4. 紧急阻断

如果出现泄漏，紧急阻断功能可以降低爆炸或火灾导致的后果。在适当的位置安装紧急切断阀是成功进行风险缓解的关键。紧急切断阀通常需要远程操作，为降低燃烧与爆炸风险，运行系统应能够探测漏失，并在几分钟内迅速启动隔离阀。较长的响应时间可能会导致持续火灾的后果更为严重。

七、重新评估

风险评估是一种动态的方式方法，可对当前与未来的风险进行评价。然

而，这些评价是基于评估时的数据与知识进行的。随着时间的推移，变化是不可避免的，因此风险评估的结果应进行更新。

维护与更新风险评估程序是十分重要的，确保最近的检验、工艺、维护信息都包含在该程序内。检验结果、工艺条件变化、保养程序实施均对风险评估具有显著影响，因此对检验计划也具有影响，并且可以引发重新评估。

第二节 风险评价方法

一、管道风险评价方法

对于管道风险评价方法，依照不同的标准介绍了定性、半定量和定量三种方式。

1. 定性风险评价

常用的定性风险评价是以不希望事件，即系统危险因素的发生概率和发生后果的严重性为指标，对系统危险因素进行定性评价的评价方法。这种评价方法不需要建立非常精确的数学模型和计算方法，评价的精确程度主要取决于所聘请专家的经验，以及划分其影响因素的细致性、层次性等。这种方法非常直观、快速、简便，实用性很强。定性风险评价方法主要包括风险检查表定性风险分析，这其中包括安全检查、初步危险分析、列表检查、假设事故与后果分析、故障模式和效果分析以及危险与危险性调节研究等各种危险识别方法。定性法可以根据专家提供的观点划分高、中、低风险的相对等级，但是危险性事故的发生频率和事故损失后果均不能量化。在风险管理过程中，需要识别潜在危险事故时，定性风险评价是重要的第一步。主要方法为绘制风险矩阵法。

风险矩阵应包括管道失效可能性、失效后果和风险的分级标准。表5-2-1确定失效可能性分级；表5-2-2确定失效后果，分析过程中需考虑人员安全、环境污染、财产损失和停输影响等情况。风险分级见表5-2-3。各风险等级见表5-2-4。

表5-2-1 失效可能性等级

失效可能性分级	描述	等级
高	企业内曾每年发生多次类似失效，或预计1年内发生失效	5
较高	企业内曾每年发生类似失效，或预计1年~3年内发生失效	4
中	企业内曾发生过类似失效，或预计3年~5年内发生失效	3
较低	行业中发生过类似失效，或预计5年~10年内发生失效	2
低	行业中没有发生类似失效，或预计超过10年后发生失效	1

表5-2-2 失效后果等级

后果分类	后果描述				
	A	B	C	D	E
人员伤亡	无或轻伤	重伤	死亡人数1~2	死亡人数3~9	死亡人数≥10
经济损失	<10万元	10万元~100万元	100万元~1000万元	1000万元~1亿元	>1亿元
环境污染	无影响	轻微影响	区域影响	重大影响	大规模影响
停输影响	无影响	对生产重大影响	对上/下游公司重大影响	国内影响	国内重大或国际影响

表5-2-3 风险矩阵

失效后果	风险可能性				
	1	2	3	4	5
E	Ⅲ	Ⅲ	Ⅳ	Ⅳ	Ⅳ
D	Ⅱ	Ⅱ	Ⅲ	Ⅲ	Ⅳ
C	Ⅱ	Ⅱ	Ⅱ	Ⅲ	Ⅲ
B	Ⅰ	Ⅰ	Ⅰ	Ⅱ	Ⅲ
A	Ⅰ	Ⅰ	Ⅰ	Ⅱ	Ⅲ

表 5-2-4 风险等级

风险等级	描述
低（Ⅰ）	风险水平可以接受，当前应对措施有效，可不采取额外技术、管理方面的预防措施
中（Ⅱ）	风险水平可以接受，但应保持关注
较高（Ⅲ）	风险水平不可接受，应在限定时间内采取有效应对措施降低风险
高（Ⅳ）	风险水平不可接受，应尽快采取有效应对措施降低风险

2. 半定量风险评价

半定量风险评价方法是以风险的数量指标为基础的一种风险分析方法。对识别到的事故，首先为事故发生后果和事故发生频率各分配一个指标，然后用相加和相除的方式将概率和严重程度的指标进行组合，从而形成一个相对风险指标。半定量法允许使用一种统一而有条理的处理方法把风险划分等级，其指标可以用来确定资金分配的优先权。这种方法综合了定性法以图表为基础的评价模型，以及定量法的知识，譬如对某些事故分布概率模型的运用。排除了一些不可预见的事故后果，使人们的注意力集中到更可能发生的事故后果上，极大地提高了风险评估的实用性和准确性。

危险与可操作性分析（Hazard and Operability Study，HAZOP）是一种系统化的定性分析潜在危害的评价方法。HAZOP方法可以识别由于缺乏信息导致的危害，或者由于管道操作变化对现有设施的危害。HAZOP方法通过分析生产运行过程中工艺状态参数的变动，操作控制中可能出现的偏差，以及这些变动与偏差对系统的影响和可能导致的后果，找出出现变动和偏差的原因。识别出设备或系统内及生产过程中存在的潜在危险、危害因素和操作性问题，并针对变动与偏差的后果提出合理的保护措施，从而减少失效发生的概率及可能的后果。

半定量风险评价广泛适用于业界的管道风险评价，其评价结果与管道定量风险评价的结果相比，可靠性和确定性较弱。但对了解整条管道各管段的相对风险水平有较大意义，可以为管道定量风险评价奠定基础。另外，该方法的操作性和可执行性较强，且成本较低。

在以下三种情况下，建议使用该方法：

（1）在管道数据不足的情况下，可以通过少量数据初步了解各管段的相对风险水平。对管道进行初步风险评价，根据评价结果可以决定是否进行进一步评价；

（2）评价经费较少，没法进行定量风险评价；

（3）管道管理者决定进行定性风险评价，或专家论证定性评价就可以达到目的且没必要进行定量风险评价。

半定量风险评价可采用SY/T 6891.1—2012《油气管道风险评价方法 第1部分：半定量评价法》。

1）指标体系建立

制定指标体系，需先分析失效可能性影响因素和失效后果影响因素。其中，管道失效可能性影响因素包括：腐蚀（内腐蚀、外腐蚀和应力腐蚀开裂等）、管体制造与施工缺陷、第三方损坏（开挖施工破坏、打孔盗油/气等）、地质灾害（滑坡、崩塌和水毁等）、误操作。失效后果影响因素包括，人员伤亡影响和环境污染影响。

2）风险评价流程

半定量风险评价方法评价流程如图5-2-1所示。

（1）数据收集与整理。

收集数据的方式有踏勘、与管道管理人员访谈和查阅资料等。一般需要收集以下资料：

① 管道基本参数，如管道的运行

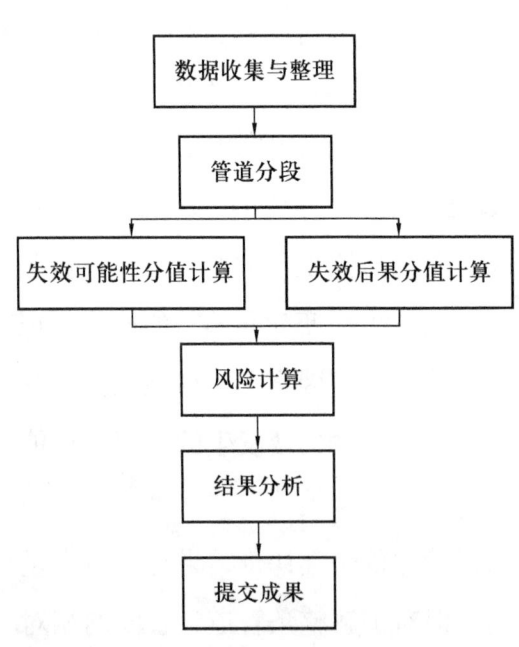

图5-2-1 风险评价方法工作流程

年限、管径、壁厚、管材等级及执行标准、输送介质、设计压力、防腐层类型、补口形式、管段处敷设方式、里程桩及管道里程等；

② 管道穿跨越、阀室等设施；

③ 管道通行带的遥感或航拍影像图和线路竣工图；

④ 施工情况，如施工单位、监理单位、施工季节、工期等；

⑤ 管道外检测报告，内容应包括外检测及结果情况；

⑥ 管道泄漏事故历史，含打孔盗气情况；

⑦ 管道高后果区、关键段统计，管道周围人口分布；

⑧ 管道输量、管道运行压力报表；

⑨ 阴保电位报表，以及每年的通断电电位测试结果；

⑩ 管道更新改造工程资料，含管道改线、管体缺陷修复、防腐层大修、站场大的改造等；

⑪ 第三方交叉施工信息表及相关规章制度，如开挖响应制度等；

⑫ 管道地质灾害调查或识别，以及危险性评估报告；

⑬ 管道介质的来源和性质、油品或气质的分析报告；

⑭ 管道清管杂质分析报告；

⑮ 管道初步设计报告及竣工资料；

⑯ 管道安全隐患识别清单；

⑰ 管道环境影响评价报告；

⑱ 管道维抢修情况及应急预案；

⑲ 站场危险与 HAZOP 分析及其他危害分析报告；

⑳ 是否安装有泄漏监测系统、安全预警系统等情况；

㉑ 其他相关信息。

（2）管道分段。

管道风险计算以管段为单元进行，因此需先对管道进行分段再开展每段的风险计算。分段方法分为关键属性分段或全部属性分段两种方式，但应优先选用全部属性分段。

（3）风险计算。

针对各管段计算其失效可能性和失效后果分值，如式（5-2-1）所示：

$$风险值 = （第三方损坏分值 + 腐蚀分值 + 制造与施工缺陷分值 \\ + 误操作分值 + 地质灾害分值）/ 后果分值 \qquad (5-2-1)$$

在风险计算的过程中，需注意以下三点：

① 应通过最坏假设对一些未知情况给予较差的评分；

② 应保持评分结果的一致性；

③ 必要时可通过添加备注的方式说明情况，使得评分结果可追溯。

完成各管段评价及风险值计算后，可在各管段风险计算结果表上汇总计算结果见表5-2-5。

表5-2-5　各管段风险计算结果汇总

管段起始里程/km	管段终止里程/km	失效可能性	失效后果	风险值	备注
×××	×××	×××	×××	×××	×××

（4）结果分析。

对各管段风险计算结果进行排序，并划分风险等级。若管道风险计算结果被评价为高风险管段，则需对该管段采取风险减缓措施。将管段评价为高风险的依据见表5-2-6。

表5-2-6　高风险管段评价依据

序号	失效可能性 P	失效后果 C
1	$P<381$	$C>66$
2	$P<409$	$C>134$

3. 定量风险评价

定量风险评价方法（QRA），也称概率风险分析。其是一种定量绝对事故频率的严密的数学和统计学方法。这种评估分析方法在核工业、航空工业和石油化工业得到了广泛的应用。通过综合考虑如设备故障和安全系统失灵等单个事件,可以算出最终事故的发生概率和事故损失后果。定量法给面临风险的经营业主提供了最大的洞察能力。如果需要,定量法的评估结果还可以用于风险、成本、效益的分析之中,这是前两类方法都做不到的。因为企业经营的经济风险需要精确度较高的量化风险指标,并且在对一个较为复杂的大系统作风险评估分析时,子系统分析结果中较小的不确定性,就可能导致总结中论极大的误差累积。工业界安全、环保意识等的提高及工程投资的不断增加,对风险分析的准确性就提出了更高的要求,也对该项技术的发展提供了巨大的推动力。同时,人们对事故因素随机过程的认识水平在不断提高,这就使用数学方法揭示事物的本质成为可能。所有这些都促进了技术的发展成熟。随着该技术的应用领域不断扩大和实现方法的不断发展,该方法已成为石油工业最受重视的一种分析评估管理方法。

依照国家能源局发表的行业标准 SY/T 6859—2020《油气输送管道风险评价导则》给出的管道定量风险评价流程图如图 5-2-2 所示。

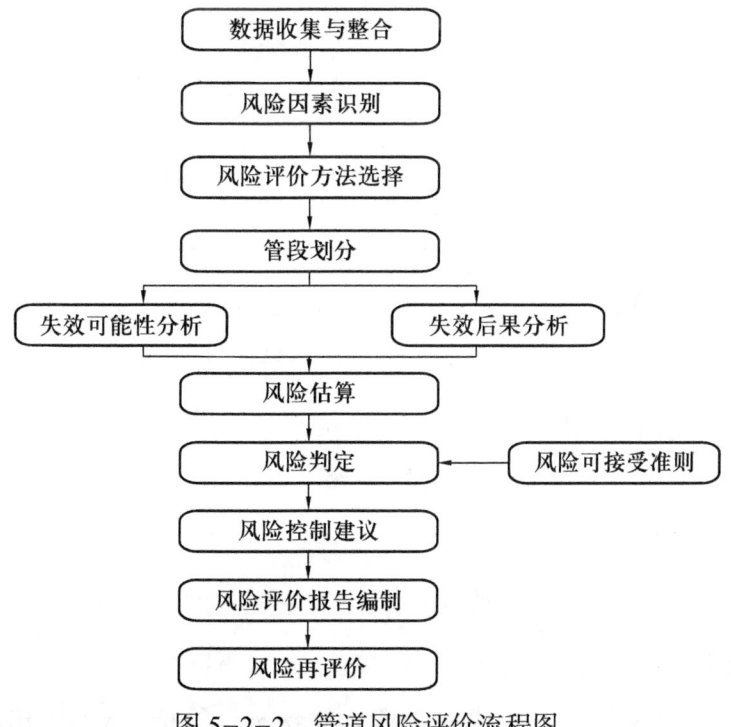

图 5-2-2 管道风险评价流程图

标准中给出了管道风险因素见表 5-2-7。

表 5-2-7 管道风险因素

分类	风险因素	子因素
时间相关	外腐蚀	—
	内腐蚀/磨蚀	—
	应力腐蚀开裂/氢致损伤	—
	凹陷疲劳损伤	—
固有因素	与制管有关的缺陷	管体焊缝缺陷
		管体缺陷
	与焊缝/施工有关的因素	环焊缝缺陷，包括支管和T形接头焊缝
		制造焊缝缺陷
		褶皱弯管或屈曲
		螺纹磨损/管子破损/接头失效
与时间无关	机械损伤	甲方、乙方或第三方造成的损坏（立即失效）
		管子旧伤（凹陷、划痕）（滞后性失效）
		故意破坏
	误操作	—
	自然与地质灾害	低温
		雷电
		暴雨或洪水
		土体移动

考虑到长输管道的里程，管道失效概率的定量描述可表示为"次/（km·a）"或者"次/（1000 m·a）"。管道失效概率的计算模型是基于应力—强度干涉理论，建立管道失效的极限状态函数，并考虑材料性能、缺陷尺寸和载荷等变量的随机特性，计算管道失效概率。计算步骤主要包括以下四个方面：

（1）确定管道极限状态。

管道失效概率计算时，管道的极限状态主要考虑最终极限状态、泄漏极限状态和服役极限状态，宜按照风险因素类别选取不同的极限状态。最终极限状态是指管道失去承压能力，造成安全事故的状态，包括大泄漏和破裂。泄漏极限状态是指管道有限度地失去承压能力，不产生安全危害的状况，指漏点直径小于 10 mm 的小泄漏。服役极限状态指影响设计服役要求，但不会导致管道失去承压能力的状况，包括屈服、椭圆度、沟坑和过量塑性变形。

外腐蚀、内腐蚀、应力腐蚀开裂、制造裂纹和坑沟槽等风险因素引起的极限状态，主要考虑最终极限状态和泄漏极限状态，管道失效模式可考虑小泄漏、大泄漏和破裂三种。途经强震区、地震活动断裂带、永冻土和采空沉陷区地段的管道，主要考虑地表变形引起的，轴向应力作用下的拉伸断裂和屈曲变形极限状态，根据拉伸或屈曲失效时的管体或缺陷开裂尺寸，管道失效模式也可分为小泄漏、大泄漏和破裂三种。

（2）建立极限状态函数。

管道极限状态函数是一种数学函数，假设超过相应极限状态，函数值为负，即管道失效。未超过极限状态，函数为正，即管道安全。极限状态函数表达如式（5-2-2）所示：

$$g(x) = R - S \tag{5-2-2}$$

式中　R——管道自身的抗力；

　　　S——管道承受的载荷；

　　　x——基本随机变量；

　　　$g(x)$——抗力和载荷之间差异的安全裕度。

构建极限状态函数主要步骤包括，确定管道是否达到极限状态的判定准则并建立极限状态函数和表征模型误差。管道是否达到极限状态的判定准则包括但不限于：

① 基于应力准则：如受内部压力作用的缺陷导致失效，其极限状态条件可被定义为，作用环向应力达到，导致缺陷失效所需的环向应力水平；

② 基于应变准则：如因横向或轴向地面运动导致的失效，其极限状态条件可表示为，压缩应变达到可导致局部屈曲的某一临界值，或拉伸应变可导致环焊缝开裂失效的某一临界值；

③ 基于几何形状准则：如因腐蚀穿孔导致失效，其极限状态条件可表示

为，腐蚀深度达到管壁最大允许腐蚀深度；

④ 基于缺陷尺寸准则：如应力腐蚀开裂导致失效，其极限状态条件可表示为，缺陷尺寸达到萌生局部穿透型管壁缺陷的临界尺寸。

极限状态函数的建立是根据基本随机变量[式（5-2-2）]中载荷和抗力的过程，可参考已有的解析、经验或数值模型。基本随机变量包括钢管材料性能、几何形状、缺陷特征及载荷分布等。

极限状态函数的模型误差可通过比较实际值与模型计算值获得，并通过在极限状态函数中引入模型误差因子来表征。极限状态函数建立时，宜考虑不同风险因素的极限状态判定准则，并可考虑小泄漏、大泄漏和破裂不同失效模式的判定准则，见表5-2-8。

表5-2-8 失效模式的判定准则

序号	风险因素	失效模式		
		小泄漏	大泄漏	破裂
1	外腐蚀	壁厚	应力	应力
2	内腐蚀	壁厚	应力	应力
3	应力腐蚀开裂	穿透缺陷长度	穿透缺陷长度	应力
4	制造缺陷	穿透缺陷长度	穿透缺陷长度	应力
5	凹坑沟槽	穿透缺陷长度	穿透缺陷长度	应力
6	地质灾害	拉伸或压缩应变极限	拉伸或压缩应变极限	拉伸或压缩应变极限

（3）确定基本随机变量的概率分布模型。

计算管道失效概率时，宜考虑以下基本变量的不确定性：

① 钢管性能；

② 缺陷尺寸及扩展规律；

③ 检测精度；

④ 载荷；

⑤ 模型误差因子。

随机变量的不确定性采用变量的概率分布表征，包括下列步骤：

① 选择分布模型；

② 估计分布；

③ 验证拟合的分布。

可根据类似问题的经验、物理推断或分析结果，为随机变量选择适合的概率分布函数。当有大量数据可用时，宜使用相关数理统计工具对变量参数数据进行统计分析，选择最为合适的概率分布模型和函数。选择分布模型后，宜采用最小二乘法、最大似然估计法和矩估计法等拟合方法对分布参数进行估计。宜采用柯尔莫哥罗夫检验和卡方检验方法进行最佳拟合分布，选择 A.5.6 针对管材性能、缺陷尺寸、运行压力等易获取的参数，宜采用实际数据通过统计分析确定其概率分布类型及特征值。难以收集和统计的参数，可参考相关的同类文献或采用确定性的值。缺陷尺寸的分布应考虑在线检测、水压试验、开挖检测和修复操作等缺陷尺寸分布的影响。

（4）计算管道失效概率。

依据评价管段建立的极限状态方程，分别计算各类风险因素的小泄漏、大泄漏和破裂失效概率。各风险因素致管段总体失效概率，取各类风险因素的小泄漏、大泄漏和破裂失效概率之和。失效概率计算方法包括一次二阶矩法、二次二阶矩法和蒙特卡洛模拟方法等。当与时间不相关的失效概率联合时，可将时间相关概率转化为标准年平均概率形式，便于管道企业确定下次检测周期。

二、站场风险评价方法

目前比较典型的站场风险评价方法是美国石油协会推荐的做法 RBI。该 RBI 程序，可用于识别、评估包括但不限于管道的站场内静设备，结构性退化造成的工业化风险，并对这些风险进行分类。通过分析站内相关设备、部件或结构相关失效的可能性和后果，制定出妥善的检验和维护计划。RBI 中采用的失效概率计算方法有两种，分别为同类失效频率法和双参数威布尔分布法，针对长距离输气管道宜采用同类失效频率法预测失效概率，其计算式如式（5-2-3）所示。

$$P_f(t) = \text{gff} \cdot F_{MS} D_f(t) \tag{5-2-3}$$

式中 $P_f(t)$——失效概率；

gff——同类失效频率；

F_{MS}——管理系统系数；

$D_f(t)$——破坏系数。

不同部件类型的同类失效频率是精炼和石油化工行业失效数据的代表值。同类失效频率是指因暴露于工作环境，引起特定损伤之前的失效频率，并用于各类加工设备，即工艺容器圆筒、塔器、管道系统、储罐等的几个离散孔尺寸。通过离散孔尺寸和相关失效频率引入方法从而对泄放情形建模。四种孔尺寸对涵盖各种事件，即从小泄漏到破裂的泄放情形建模。

管理系统系数为解释设施管理系统对工厂设备机械完整性的影响的调整系数。该系数说明了累积损伤可能导致包封容器损失的概率，且应在损失发生前得知。该系数也能表明设施机械完整性和过程安全管理方案的质量。该系数通过影响工厂风险的设施或运行装置管理系统的评估结果推导得出。

破坏系数根据与结构材料相关的适用破坏机理、工艺服务、部件的物理状态以及量化损伤的检验方法确定。破坏系数可以修正行业通用故障频率，对正在评估的组件更有针对性。

第三节 风险评价案例

长距离输送管道包括管道本体与沿线站场两部分，均需开展风险评价。

一、长距离输气管道风险评价案例

1. 管道概况

选择 XQDS 一线作为研究对象[2]，管道直径为 1016 mm，管道压力为 10 MPa。所选择的管线位于长三角经济高速发展地区，工业、城乡建设区较多，沿线人口密度大，生活区域距离管道位置比较接近，管道沿线村庄、学校、大型厂房等场所较多。

该管线受到铁路、高速公路、河道整治、桥梁施工、饮水源区域、通信光缆、大型厂房厂区、清淤挖塘等施工的危害，突发性的施工容易造成管道泄漏，以及光缆断裂事故，所以第三方破坏是该管段目前所面临的最大安全隐患。该管道主要通过阴极保护及管道内外防腐层保护管线，但目前存在防腐层破损、阴极保护率不足、杂散电流干扰等问题。同时该管线还受到沿线地质灾害影响，主要有河沟道水毁、台田地水毁等灾害。

2. 风险评价方法

该管线采用半定量法进行风险评价。根据采集到的管道属性数据和管道周边环境数据对管线进行全属性分段，即当任何一个管道属性或周边环境数据，沿管道里程发生变化时，就插入一个分段点，将管道切分成多个管段后再计算每个管段的风险值。

3. XQDS一线半定量风险评价

1）管段划分

管道分段原则主要有高后果区管段、管道建设时间、管道的地面装置如阀室、管道所经地形地貌，以及人口密度等，本次评价单元主要是根据高后果区管段来进行划分，该管线评价单元划分表见表5-3-1。

表5-3-1 XQDS一线评价单元划分结果

管段	管段长度/km	划分依据
1	6.0	高后果区管段
2	3.0	
3	4.0	
4	4.5	
5	3.0	

续表

管段	管段长度/km	划分依据
6	2.0	高后果区管段
7	2.0	
8	1.1	
9	2.0	
10	3.2	

2）风险评价结果

根据各管段的失效可能性值和失效后果值，该管道不存在高风险管段。高后果区管段全线风险分值在 0.87～2.15 分之间。根据现场勘查及企业已落实措施，各高后果区的风险值在可接受范围内，相关具体数据见表 5-3-2。

表 5-3-2 XQDS 一线风险评价结果

管段起始里程/km	管段终止里程/km	失效可能性	失效后果	风险值	备注
0	6	425.5	360	1.18	加强外检测、加强地质灾害点巡线
6	9	425.5	360	1.18	加强外检测、加强地质灾害点巡线
9	13	425.5	360	1.18	加强外检测、加强地质灾害点巡线
13	17.5	430.5	420	1.03	加强外检测、加强地质灾害点巡线
17.5	20.5	420.5	360	1.17	加强外检测、加强地质灾害点巡线
20.5	22.5	420.5	480	0.88	加强外检测、加强地质灾害点巡线
22.5	24.5	421.5	196	2.15	加强外检测、加强地质灾害点巡线
24.5	25.6	421.5	196	2.15	加强外检测、加强地质灾害点巡线

续表

管段起始里程/km	管段终止里程/km	失效可能性	失效后果	风险值	备注
25.6	27.6	421.5	196	2.15	加强外检测、加强地质灾害点巡线
27.6	30.8	419.5	196	2.14	加强外检测、加强地质灾害点巡线

二、沿线站场风险评价案例

1. 评价目标与要求

（1）天然气站场风险评价的主要目标如下：

① 识别影响工艺管道和设备完整性的危害因素，分析其失效的可能性和后果，判断风险水平；

② 对工艺管道和设备进行排序，确定完整性评价和实施风险消减措施的优先顺序；

③ 综合比较完整性评价、风险消减措施的风险降低效果和所需投入；

④ 在完整性评价和风险消减措施完成后再评价，反映站场最新风险状况，确定措施有效性。

（2）风险评价要求：

① 站场投产后1年内应进行风险评价；

② 应在设计阶段和工程建设阶段进行危害识别和风险评价，根据风险评价结果进行设计、施工和投产优化，规避风险；

③ 设计与工程建设阶段的风险评价宜参考或模拟运行条件进行。

2. RBI风险评价流程

基于风险的检验是一套系统的、科学的分析方法，实施RBI方法的一般过程如图5-3-1所示。实施步骤如下：

(1) RBI 数据库的编制;

(2) 确定损伤机理与腐蚀回路;

(3) 按照不同的损伤机理,计算每个设备项的失效可能性与退化速率;

(4) 计算与每个设备项相关的失效后果;

(5) 结合失效可能性和后果数值计算出与每个设备项相关的风险,并根据风险结果排序;

(6) 根据风险大小,确立相应的降低风险的措施。

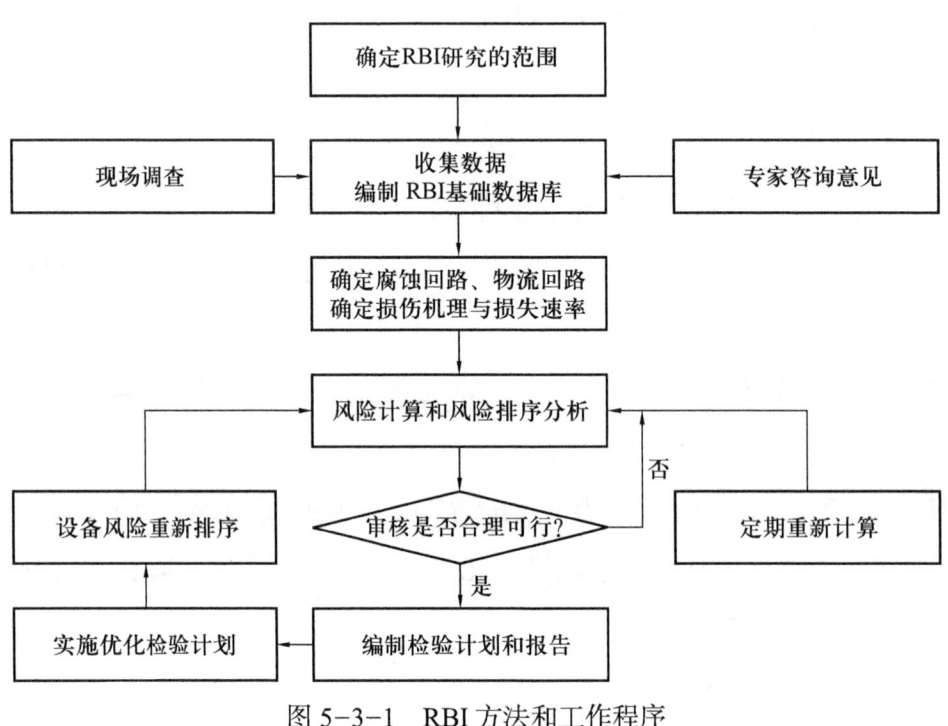

图 5-3-1 RBI 方法和工作程序

3. PG 首站 RBI 风险评价

1) 建立 RBI 数据库

RBI 工作中要处理大量基础数据,因此数据的完整性和准确性非常重要。大量可靠的资料是建好 RBI 数据库的基础。这些资料包括,设计资料、工艺流程图、管道与仪表流程图、各区管道走向图、管道材料工程规定、设备一览表及设备工艺数据表、保温和涂漆状况记录、介质组成及化学分析数据表、工艺操作资料、流程物料平衡数据、装置面积及现场人员密度、停产损失费用、装置更换费用等。认真核对这些资料，改正其不正确部分，才能整合成RBI分析的专用数据库。

本次PG首站RBI评估所采用的基本参数有：

（1）占地面积约63 358.0 m²；

（2）站场设计规模为120×10^8 m³/a，站内联络线部分实际规模为110×10^8 m³/a，设计压力为10 MPa。

2）回路的划分

设备和管线因为前后阀门的关闭而形成封闭的空间，按照站场内流体的流向，将这些封闭的空间以回路的形式划分开来，即物流回路。设备和管线的损伤机理是根据其工艺介质、操作条件和所采用的材料分析确定的。按照工艺，将具有相同损伤机理的连续的管线和设备划分到若干腐蚀回路中，即一个腐蚀回路中的设备和管线项是工艺上相互连接，且具有相同损伤机理的。

PG首站共划分为19个物流回路，其中排污和放空管各自划分为一个物流回路，自用气撬系统用一个阀门示意可截断，单独划分为一个物流回路，水循环系统单独划分为一个物流回路。物流回路数目见表5-3-3。

表5-3-3　PG首站物流回路统计表

物流回路	I-101	I-102	I-103	I-104	I-105	I-106	I-107	I-108	I-109	I-110
数目	4	14	13	20	30	0	7	6	5	9
物流回路	I-111	I-112	I-113	I-114	I-115	I-116	I-117	—	I-VENT	I-DRAIN
数目	10	32	26	9	9	9	0	—	40	32

根据PG首站的工艺操作条件、设备和管线的材料等，将需要详细分析的单元共划分成10个腐蚀回路。其中排污和放空管各自划分为一个腐蚀回路，自用气撬系统用一个阀门示意可截断，单独划分为一个腐蚀回路，水循环系统划分为一个腐蚀回路，腐蚀回路数目见表5-3-4。

表 5-3-4 PG 首站腐蚀回路统计表

腐蚀回路	C-101	C-102	C-103	C-104	C-105	C-106	C-107	C-108	C-VENT	C-DRAIN	总计
数目	32	79	4	20	8	53	9	0	41	29	275

3）分析结果

根据基础数据和回路划分结果，计算了 PG 首站承压设备与管道的风险。将风险计算结果对设备和管道按失效概率与失效后果分类后，作 5×5 矩阵图，由矩阵图可清楚地看出现在与未来不同风险级别设备所占的数目及比例。

本次对 PG 首站所含的 278 条管道进行了评估。并考虑连续运行四年后的风险，通过计算未来的风险，确定出在此期间内，其风险超出可接受准则的设备及管道，以辅助未来四年间的分输站的安全运行。对管道从经济性方面进行了风险分析，结果以总风险的形式体现，即在失效后果方面以财务后果为基础，从停车损失、人员伤亡成本，以及与压力容器、压力管道损坏成本等多经济因素对后果进行评价。分析结果汇总如下：

（1）风险等级综述。

对 PG 首站中共 278 个设备项进行定性风险计算。按照风险可接受准则，从总风险角度考虑，截至 2021 年 10 月，装置中有高风险 0 项，中高风险 54 项，中风险 163 项，低风险 61 项，分布情况及总风险等级分布如图 5-3-2 所示。

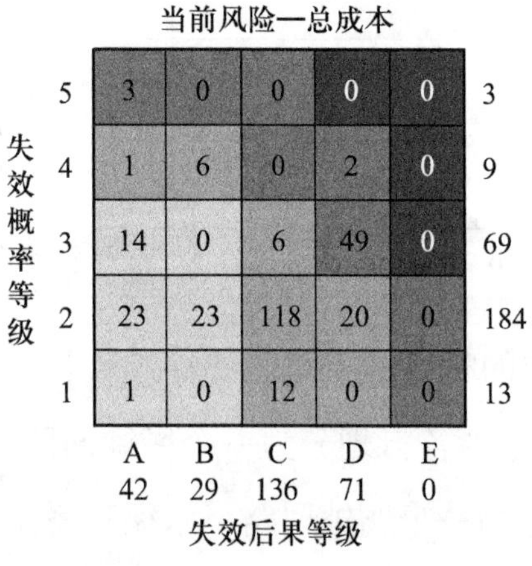

当前风险—总成本

失效概率等级	A	B	C	D	E
5	3	0	0	0	0
4	1	6	0	2	0
3	14	0	6	49	0
2	23	23	118	20	0
1	1	0	12	0	0

行合计：3, 9, 69, 184, 13
列合计：A 42, B 29, C 136, D 71, E 0

失效后果等级

风险等级	总计	百分比
1.低风险	61	22%
2.中风险	163	59%
3.中高风险	54	19%
4.高风险	0	0%
未计算	0	0%
总计	278	100%

图 5-3-2 PG 首站总体风险矩阵图

从图 5-3-2 中可以看出，PG 首站中按设备类型看，所有的 19 个容器均是中风险。管道有低风险、中风险、中高风险三种，其中所有段排污管为低风险，大部分的放空管为低风险，所有的站内自用气管线为中风险，主要工艺管道多数为中风险，有 54 个中高风险项。

设备和管道项所处的腐蚀回路见表 5-3-5，在 54 个中高风险中，位于 C-101、C-102、C-103、C-104、C-105、C-106 和 C-VENT 分别有 5、22、2、2、4、16 和 3 个。在 163 个中风险中，位于 C-102 的最多，有 57 个，占 35%。其次是 C-106 的有 37 个，占 23%。在 61 个低风险中，C-VENT 有 37 个，占 61%。

表 5-3-5　2021 年 PG 首站各腐蚀回路风险等级统计

	C-101	C-102	C-103	C-104	C-105	C-106	C-107	C-108	C-VENT	C-DRAIN	总计
高风险	0	0	0	0	0	0	0	0	0	0	0
中高风险	5	22	2	2	4	16	0	0	3	0	54
中风险	27	57	2	16	4	37	9	0	1	7	163
低风险	0	0	0	2	0	0	0	0	37	22	61
总计	32	79	4	20	8	53	9	0	41	29	278

（2）风险消减措施。

针对站场中的不同风险的区域，采取对应的风险消减措施，有利于站场长期的安全运行。因此，在 PG 首站中，针对达到检验目标的管线，根据其损伤机理确定出了下次检验的时间。

部分管线失效可能性发展较快，因此需在近 3 年内进行检验，以确认评估数据的准确性和设备的当前真实状态。表 5-3-6 列出了建议在 3 年内进行检验的项目。

（3）帕累托/柏拉图关系图。

根据帕累托/柏拉图关系分析得出，在 PG 首站中主要风险由较少的设备和管道承担。在 PG 首站中，19% 项目的设备与管道就带来 75% 装置的总风险。

这就说明了如注重于该 19% 的设备和管道，就能有效地涉及 75% 的风险，因此可以较大的优化资源和最大的降低风险。

表 5-3-6　3 年内需要检验的设备项清单

序号	设备号	当前可能性等级	潜在腐蚀机理	检验时间	检验有效性
1	FH-101-300-2A3	5	内部减薄	2024 年 10 月 18 日	高
2	FH-101-300-2A3	5	外部减薄	2024 年 10 月 18 日	高
3	FH-101-900-2A3	5	内部减薄	2024 年 10 月 18 日	高
4	FH-101-900-2A3	5	外部减薄	2024 年 10 月 18 日	高
5	FH-L314-300-2A3	5	内部减薄	2024 年 10 月 18 日	高
6	FH-L314-300-2A3	5	外部减薄	2024 年 10 月 18 日	高
7	NG-101-1000-10A1-1	2	内部减薄	2024 年 10 月 18 日	一般
8	NG-101-1000-10A1-1	2	外部减薄	2024 年 10 月 18 日	一般
9	NG-101-1000-10A1-2	2	内部减薄	2024 年 10 月 18 日	一般
10	NG-101-1000-10A1-2	2	外部减薄	2024 年 10 月 18 日	一般
11	NG-110-1000-10A1	2	内部减薄	2024 年 10 月 18 日	一般
12	NG-110-1000-10A1	2	外部减薄	2024 年 10 月 18 日	一般
13	NG-110-900-10A1	2	内部减薄	2024 年 10 月 18 日	一般
14	NG-110-900-10A1	2	外部减薄	2024 年 10 月 18 日	一般
15	NG-110-950-10A1	2	内部减薄	2024 年 10 月 18 日	一般
16	NG-110-950-10A1	2	外部减薄	2024 年 10 月 18 日	一般
17	NG-111-800-10A1-1	2	内部减薄	2024 年 10 月 18 日	一般
18	NG-111-800-10A1-1	2	外部减薄	2024 年 10 月 18 日	一般
19	NG-111-800-10A1-2	2	内部减薄	2024 年 10 月 18 日	一般

续表

序号	设备号	当前可能性等级	潜在腐蚀机理	检验时间	检验有效性
…	…	…	…	…	…
105	NG-L117-700-10A1-3	2	内部减薄	2024年10月18日	一般
106	NG-L117-700-10A1-3	2	外部减薄	2024年10月18日	一般
107	NG-L119-1000-10A1	2	内部减薄	2024年10月18日	一般
108	NG-L119-1000-10A1	2	外部减薄	2024年10月18日	一般

参考文献

[1] 李保平，季寿宏，钱济人. 浙江省天然气长输管道智能风险评价[J]. 油气田地面工程，2022，41（4）：1-6.

[2] 魏沁汝. 天然气长输管道高后果区识别与风险评价研究[D]. 成都：西南石油大学，2015.